世界气象组织/全球大气观测计划（WMO/GAW）执行计划：2016—2023

世界气象组织 编著

张晓春　佘万明　纪翠玲 等 译

U0333179

气象出版社
China Meteorological Press

图书在版编目(CIP)数据

世界气象组织/全球大气观测计划(WMO/GAW)执行计划：2016—2023 / 世界气象组织编著；张晓春等译.--北京：气象出版社，2020.12
ISBN 978-7-5029-7096-3

Ⅰ.①世… Ⅱ.①世…②张… Ⅲ.①大气探测-计划-世界-2016-2023 Ⅳ.①P41-110.02

中国版本图书馆 CIP 数据核字(2019)第 269179 号

Shijie Qixiang Zuzhi/Quanqiu Daqi Guance Jihua(WMO/GAW)Zhixing Jihua：2016—2023
世界气象组织/全球大气观测计划(WMO/GAW)执行计划：2016—2023

出版发行：气象出版社
地　　址：北京市海淀区中关村南大街46号　　邮政编码：100081
电　　话：010-68407112(总编室)　010-68408042(发行部)
网　　址：http://www.qxcbs.com　　E-m a i l：qxcbs@cma.gov.cn
责任编辑：王萃萃　　　　　　　　　终　　审：吴晓鹏
责任校对：张硕杰　　　　　　　　　责任技编：赵相宁
封面设计：楠竹文化
印　　刷：北京建宏印刷有限公司
开　　本：787 mm×1092 mm　1/16　　印　　张：4.5
字　　数：115 千字　　　　　　　　彩　　插：2
版　　次：2020 年 12 月第 1 版　　　印　　次：2020 年 12 月第 1 次印刷
定　　价：30.00 元

本书如存在文字不清、漏印以及缺页、倒页、脱页等，请与本社发行部联系调换。

编者按

WMO 术语数据库 METEOTERM 可在以下网址查阅:

http://www.wmo.int/pages/prog/lsp/meteoterm_wmo_en.html。

缩略语可在以下网址找到:

http://www.wmo.int/pages/themes/acronyms/index_en.html。

声　明

中文版前言

工业革命以来,不断加剧的人类活动向大气中排放了大量污染物质,使得大气污染问题日益突出。地球大气成分的变化,影响着天气、气候,对人类和生态系统的健康、工农业生产以及许多社会经济部门都有着直接或间接的影响。大气成分及其变化所引发的全球环境问题,如酸雨、温室效应、平流层臭氧耗损等,引起了人们的极大兴趣和关注。

1989 年,世界气象组织(WMO)将早期建设的空气本底污染监测网(BAP-MoN)和全球臭氧监测网(GO$_3$OS)合并,形成了全球大气观测(GAW)计划,目的是协调有关成员国的观测站网开展系统、可靠的观测,以获取全球大气成分及其相关物理、化学特性的长期变化,为研究全球大气成分对天气、气候、环境和生态系统的影响,以及减缓与调控其不良趋势等提供准确可靠的基础观测资料。经过近 30 年的发展,WMO/GAW 已经发展成为当前全球最大、功能最全的国际性大气成分(大气化学)观测网络,可对天气、气候、环境、人体健康和生态等有重要影响的大气成分及其物理和化学特性进行长期、系统和准确的综合观测。GAW 计划关注的重点领域包括温室气体、臭氧、气溶胶、反应性气体、大气沉降和紫外辐射等,在每一个领域中又包含了一系列与天气、气候、环境和人体健康等有重要关系的关键参数。目前,GAW 计划的观测网络已包括了 31 个全球大气本底观测站和 400 多个区域大气本底观测站以及 100 多个自愿参与站。

《WMO 全球大气观测(GAW)执行计划:2016—2023》一书,概括总结了GAW 计划 25 年以来的历史和使命,较为系统地介绍了 GAW 在 2016—2023 年要实施的行动计划和目标,包括观测、质量管理框架、数据管理、模式和再分析、联合研究活动、能力发展、外联与交流以及合作关系、职责范围等,此外,还介绍了一些有关 GAW 台站和站网运行、质量保证、数据提交等的要求和流程,是全球大气本底观测业务的技术性文件,也是 WMO 各成员国参与全球大气监测计划,开展相关业务、科研和系统建设的技术依据。

参加本书翻译工作的有 6 位同志,主要分工是:第 1 章——荆俊山、纪翠玲,第 2 章——佘万明、纪翠玲,第 3 章——张晓春、荆俊山、王垚、刘丽莎,第 4 章——佘万明、王垚,第 5 章——纪翠玲、刘丽莎、张晓春,附录 A——纪翠玲、王垚,附录 B——佘万明、纪翠玲,附录 C——荆俊山、刘丽莎,附录 D——张晓春、佘万明、纪翠玲、王垚。张晓春、佘万明、纪翠玲负责对全书进行了审校。

尽管译者具有多年从事大气本底观测业务、科研和管理等工作的经验,但由于近年来科学技术发展迅速,本书涉及内容较多、专业较广,加上译者水平有限、时间紧迫,致使对一些内容的翻译可能不够准确或欠妥,敬请各位读者不吝赐教和指正。

在本书的翻译、出版过程中,有关专家和工作人员付出了辛勤的劳动,在此特向参与翻译、编辑出版的各位专家和工作人员,表达诚挚的感激和谢意。

译者

2019 年 10 月

原版前言

大气成分对气候、天气预报、人类健康、陆地和水生生态系统、农业生产、航空运营、可再生能源生产等都非常重要。因认识到需要更加科学地了解日益增长的人类活动对大气成分及其对环境的影响,WMO 于 25 年前制定了全球大气观测(GAW)计划。GAW 在大气成分观测、分析研究和能力开发等方面开创了国际先河,它在注重质量保证和质量控制的同时,通过维护和应用大气化学成分和相关物理特性的长期观测系统,强调质量保证和质量控制,向相关用户提供了与大气成分相关的综合产品和服务。

此执行计划建立在日益增长的大气成分观测和预测重要性的基础上,并侧重于能够提供与大气成分相关的多种产品和服务的研究。GAW 牵头的新的主题应用领域将有助于减少因气候变化、高影响天气和事件以及城市空气污染带来的社会风险,并支持以可持续发展为重点的公约和条约。此计划旨在帮助世界气象组织(WMO)的成员达到他们的需求并支持国家、区域和国际观测项目、计划、系统和战略规划。它通过观测、分析和建模等活动支持 WMO 2016—2019 年战略规划中确定的 WMO 优先领域,以便为 WMO 成员提供服务。GAW 的特殊贡献包括:提高空气质量预报能力以支持减少灾害风险,持续对主要气候变化驱动因素进行长期全球观测,以及开发全球温室气体综合信息系统(IG^{3}IS)用于支撑全球气候服务框架(GFCS)中的温室气体排放谈判。GAW 协同观测也有助于 WMO 全球综合观测系统(WIGOS)的实施。GAW 还通过研究大气气溶胶的扩散来支持加强航空气象服务。它还通过分析相关地区大气成分对空气质量和雪反照率的影响,促进了与极地和高山地区有关的研究。能力发展仍然是 GAW 的一项重要活动,它通过 GAW 专门的培训活动、暑期学校支持、专业知识交流和其他手段来实施。

此执行计划还直接涉及并支持在大气科学委员会(CAS)第十六届会议上确定的优先领域:高影响天气及其在全球变化背景下的社会经济影响,为改善减少灾害风险(DRR)和资源管理的水循环模式和预测,全球温室气体综合信息系统:社会服务和支持政策,气溶胶对空气质量、天气和气候的影响,大城市和大城市群的研究和服务,以及不断发展的技术对科学及其应用的影响。

Greg Carmichael

EPAC 科学指导委员会主席

目　　录

1　全球大气观测计划的二十五年

1.1　背景

对科学的好奇心驱动了大气成分的早期观测。在 20 世纪 50 年代,世界气象组织(WMO)启动了一项关于大气化学和空气污染气象方面的计划,拟将这些早期、零星的测量结果转化为定期的观测(图 1.1)。这项计划很快被确定,但描述大气成分及其变化特征则要求所有的测量都应以相同的单位和相同的尺度来表示,从而使不同国家开展的测量能够进行比较和组合。

这些活动在 1989 年演变成了全球大气观测计划(GAW)。GAW 的建立是为了响应人们对"人类对大气成分的影响"和"大气成分与天气和气候联系"日益增长的关注。GAW 的任务主要集中在对大气化学成分及其相关物理特性进行系统的全球化观测,并对这些观测进行综合分析和开发,以提高对大气成分未来变化的预测能力(Laj et al.,2009)。需要进行这些观测和分析,以提高日益增长的人类活动对全球大气影响的科学认识,正如迫切的社会问题所表明的那样:天气和气候的变化与人类对大气成分的影响有关,特别是温室气体、臭氧和气溶胶;空气污染对人类和生态系统健康的影响以及其涉及空气污染远距离输送和沉积问题;大气臭氧含量和气候变化引起的紫外辐射变化,以及这些变化对人类健康和生态系统的后续影响等。

图 1.1　臭氧总量连续测量

(从手动操作到自动仪器——从 20 世纪 50 年代到今天)

1.2 GAW 任务声明

GAW 的任务是:

1) 降低社会的环境风险,满足环境公约的要求;

2) 加强对气候、天气和空气质量的预测能力;

3) 为支撑环境政策的科学评估做出贡献。

通过以下工作来实现:

1) 全球大气化学成分和选定的大气物理特性长期观测的维持和应用;

2) 强化质量保证和质量控制;

3) 向用户提供相关的综合产品和服务。

GAW 计划由 WMO 成员实施和承担,并得到了国际科学界的支持。

自成立以来,GAW 通过响应其成员的需求,并与国家、区域和国际大气成分相关的项目、规划、系统和战略规划等完全关联,履行了 WMO 成员的授权,例如:

1) 提供了一整套高质量和长期的全球统一大气成分数据集,以支持《联合国气候变化框架公约》(UNFCCC),特别是为全球气候观测系统(GCOS, http://www.wmo.int/pages/prog/gcos/index.php? name=ObservingSystemsandData)、政府间气候变化专门委员会(IPCC)的执行计划以及全球气候服务框架(GFCS)的发展做出了贡献;

2) 支撑了《关于消耗臭氧层物质的蒙特利尔议定书和后续修正案》;

3) 支持了《远距离跨境空气污染公约》(CLRTAP);

4) 提供了可靠的观测和预报工具,以支撑气溶胶(包括沙尘)和反应性气体时空变化的评估,以理解空气质量对人体健康、生态系统和基础设施安全的影响;

5) 促进了高质量观测,并在常规/业务服务和研究活动中加强 GAW 质量控制数据和衍生产品的使用;

6) 支撑了环境保护研究,包括保护海洋和其他生态系统的健康。

第 17 届世界气象大会决议强调了大气成分在上述事项中的重要性,该决议强调需要加强国家气象水文部门(NMHS)的能力,通过发展和改善人力资源、技术和机构能力以及基础设施来履行他们的使命,特别是对于在维持高标准观测、数据和元数据方面有问题的国家更需要如此。第 17 届世界气象大会第 60 号决议敦促会员通过收集和提供数据和产品,加强对 GCOS 基本气候变量(ECV)框架的支持,并以免费和不受限制的方式支持 GFCS。其中,GCOS 的 ECV 包括气溶胶及其前体物、温室气体、大气臭氧等大气成分数据,以及冰川监测等与气候相关的冰冻圈数据。

过去 25 年来,GAW 的主要成就是建立了全球统一的长序列数据集。这些数据集包括各种痕量气体、气溶胶、沉降和紫外辐射等,具有尽可能高的准确度,并通过 GAW 计划中的通用程序进行量化,以及使用它们建立了全球尺度的长期趋势。

1.3 GAW 组成部分

图 1.2 描绘了控制不同尺度大气成分物理和化学过程的复杂性。为解决这个复杂的系

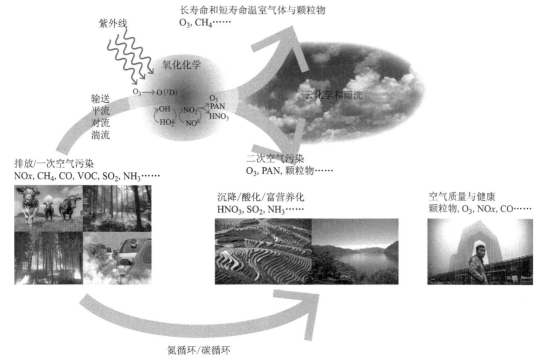

图 1.2 在不同尺度下控制大气成分的物理和化学过程

统,GAW 研究活动旨在开展观测、记录大气成分的变化、持续改进观测和数据管理基础设施、开展数据分析,以提高对控制大气成分变化过程的认识,以及开发 GAW 产品和服务等。这些研究活动得到了图 1.3 所示的基础设施的支持,包括观测系统、辅以一套支持质量保证系统的中央设施、数据管理系统、顾问组、专家组和指导委员会。该计划的一般活动由重点领域组织。在 WMO 大气科学委员会(CAS)及其环境污染和大气化学科学指导委员会(EPAC SSC)的监督下,组建了各种 GAW 专家组。EPAC SSC 负责该计划的战略领导,并协调 GAW 中的跨领域主题活动和总体活动。第 5 章总结了 GAW 科学顾问组(SAGs)和专家组(ETs)以及设备服务中心的职责范围。

1.3.1 GAW 关注的领域

为了满足与上述环境问题相关的成员的需求,GAW 目前关注六组[①]变量(也称为重点领域):

1)温室气体;

2)臭氧;

3)气溶胶;

4)选定的反应性气体;

5)总大气沉降;

---

① 根据 EPAC SSC(GAW 第 220 号报告)的决定,2015 年 GAW 暂时包含了大气水汽,但基础设施尚未确定。

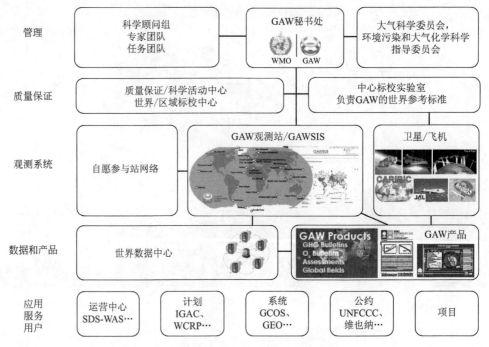

图 1.3 WMO/GAW 计划的组成

6) 紫外线(UV)辐射。

这六组中的每一组都包括一系列的气体或气溶胶参数,这些参数对于拟解决的环境问题最为关键。例如,温室气体测量包括关键的长寿命温室气体和示踪物,长寿命温室气体提供了 96% 的气候辐射强迫,示踪物用于示踪这些气体的源分布。专栏 B.1(见附录 B)提供了 GAW 中所涉及变量的详细清单。随着时间推移,将补充新的变量以满足用户群体不断变化的需求。

地基观测网络包括 GAW 全球站(31 个)和区域站(约 400 个),进行各种 GAW 参数的观测。这些站由定期的船舶巡航和各种自愿参与站网络补充。所有观测都与共同的参考标准相关联,观测数据可从 7 个指定的世界数据中心(WDC)获得。根据提交的数据,可以评估网络的状态("网络健康状况")(图 1.4(彩))。GAW 的数据档案已积累了大量与大气成分有关的数据(图 1.5(彩))。有关 GAW 台站和自愿参与站网络的信息在 GAW 台站信息系统中进行了汇总(GAWSIS,http://gawsis.meteoswiss.ch)。

地基观测可由空基和天基观测补充,这有助于描述对流层上层和平流层下层的特征,特别是臭氧、太阳辐射、气溶胶和某些微量气体。以下给出了观测和分析的示例。

GAW 长寿命温室气体(LLGHG)的观测,包括采样瓶的离散空气采样和连续测量。这种固定站点的观测网络由飞机测量和许多 LLGHG 的柱平均摩尔分数的反演提供支持。在 WMO 温室气体公报(http://www.wmo.int/pages/prog/arep/gaw/ghg/GHGbulletin.html)中报告了 LLGHG 的全球平均摩尔分数的年度水平及其变化率。该信息用于支持 UNFCCC 各方会议的谈判。由于使用了全球统一的参考标准和测量技术,全球温室气体平均水平计算的不确定度非常小,可以可靠地确定年际变化率、长期趋势和发现较小的空间梯度。

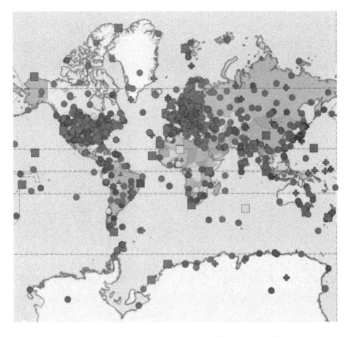

图 1.4(彩)　GAW 观测网络的运行状况

(地图基于 GAWSIS 中的信息制作,不同的形状对应于不同类别的站,颜色反映报告的状态:
绿色是报告站,黄色是部分报告站,蓝色是非报告站,红色是关闭站)

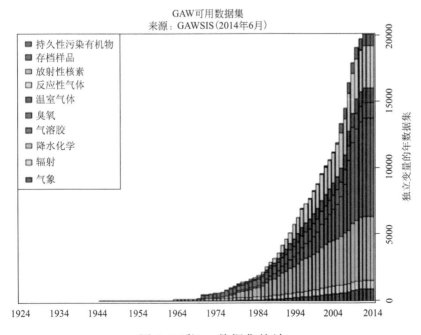

图 1.5(彩)　数据集统计

(来自 GAW、自愿参与站网络和世界数据中心的前期计划)

例如,使用来自背景站点的地面观测估算 LLGHG 对辐射强迫的贡献;从 1990 年到 2015 年,LLGHG 的辐射强迫增加了 37%,其中 CO_2 约占这一增长的 80%(图 1.6(彩))。

Thompson 等(2014)利用观测到的 LLGHG 的空间分布与化学传输模式(CTM)一起估算了大陆到国家尺度的 N_2O 的排放。

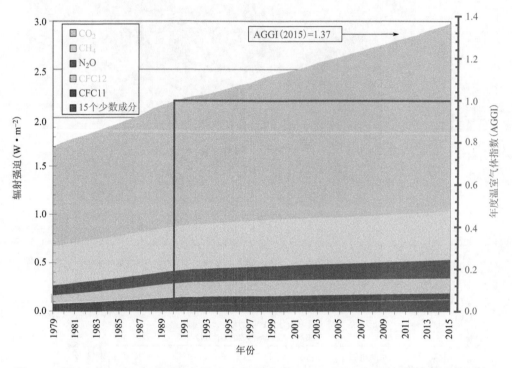

图 1.6(彩) 自 1979 年以来,由长寿命温室气体(LLGHG)造成的辐射强迫的增加
CO_2 是 LLGHG 中对总辐射强迫的最大贡献因素。
基于 NOAA 年度温室气体指数(AGGI)
(http://www.esrl.noaa.gov/gmd/aggi/)

GAW 反应性气体观测网络(Schultz et al.,2015)得到了全球 150 多个站点的支持,开展了包括对流层臭氧、一氧化碳、氮氧化物(NO 和 NO_2)、二氧化硫(SO_2)以及挥发性有机物(VOCs)的观测,其中挥发性有机物是根据它们与空气污染和对流层化学的相关性而选择的。所有观测都与全球参考标准/量值相关(Klausen et al.,2003;Novelli et al.,2003;Zellweger,2009)。GAW 反应气体数据已用于大量的科学研究,包括综述文章(Cooper et al.,2014)、趋势分析(Gilge et al.,2010;Parrish et al.,2012;Logan et al.,2012)、过程研究(Mannschreck et al.,2004)和化学气候模式评估(Parrish et al.,2014)。有一个例证就是通过 GAW 的观测发现了与人为排放减少有关的北半球 CO 呈现略微下降的趋势(图 1.7(彩)),这有助于理解过去几十年中对流层臭氧变化的复杂模型(Cooper et al.,2014)。

来自几个 GAW 台站的数据以延迟方式用于欧洲哥白尼大气观测服务(CAMS)的验证

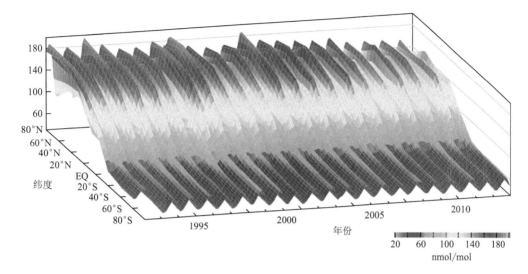

图 1.7(彩)　自 1993 年以来地面一氧化碳全球分布和混合比的变化

(来源:Schultz 等的图,2015)

(http://www.gmes-atmosphere.eu/d/services/gac/verif/ggg/gaw/)。对近实时反应性气体数据传输的需求日益增加,这些数据可用于全球和区域空气质量预报系统的数据同化或验证。

　　GAW 协调了支持臭氧总量的观测,这是进行臭氧消耗科学评估的需要,这项评估由WMO 和联合国环境规划署(UNEP)联合进行了数十年。总臭氧测量主要由 Dobson 和Brewer 分光光度计进行,而臭氧的垂直分布用臭氧探测器(由小气球携带)和飞机原位测量,或者通过激光雷达,微波辐射计和天顶 UV 的 Umkehr 反演从地面远程测量辐射率。基于地面的臭氧总观测对于验证卫星反演的臭氧数据和确保不同卫星任务之间的连续性也很重要。来自南极台站的近实时观测资料用于编制南极臭氧公报(http://www.wmo.int/pages/prog/arep/gaw/ozone/index.html),该公报定期记录春季南极上空臭氧层的当前状态(图 1.8)。

　　气溶胶在一系列气象、气候和环境服务中发挥着重要作用(例如沙尘暴和火山灰可能影响交通系统并引起公众健康问题)。气溶胶影响大气辐射传递并以复杂的方式与云过程相互作用,它们对数值天气预报和气候变化的影响是活跃的研究领域。GAW 气溶胶观测能够在多年代际时间尺度以及区域、半球和全球空间尺度上对与气候强迫和空气质量相关的气溶胶粒子特性的时空分布进行特殊分析(Collaud Coen et al.,2013;Asmi et al.,2013)。通过对台站操作员的科学合理规范建议(GAW 第 153 号报告,Petzold et al.,2013),GAW 台站使用的技术和仪器不断改进,并根据用户群体的要求增加了新的参数(Laj et al.,2009),这些努力的直接结果是使在全球范围内得出非 CO_2 气候强迫因子的长期趋势成为可能,如图 1.9(彩)所示(Asmi et al.,2013;Collaud Coen et al.,2013)。

　　GAW 气溶胶激光雷达观测网络(GALION)通过先进的激光遥感在全球分布的地基站网中提供气溶胶垂直分布分量,用于检测火山灰层(Pappalardo et al.,2013)。

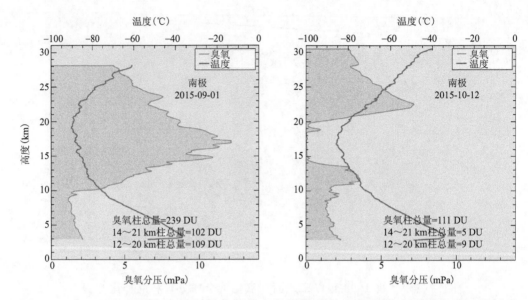

图1.8　在GAW南极全球站利用臭氧探空仪测量的垂直臭氧分布(阴影区域)的例子
粗黑线表示温度曲线(顶部轴)(单位为℃)

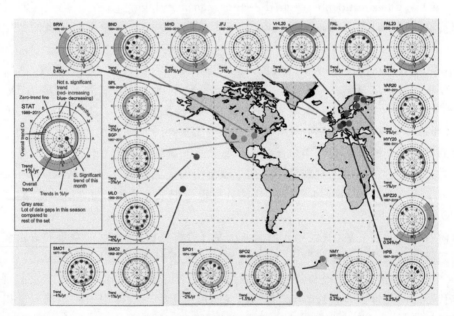

图1.9(彩)　GAW台站观测到的气溶胶数浓度趋势(来源:Asmi et al.,2013)

　　沉降是人为和天然存在的气体和颗粒从大气中除去的重要过程。在区域和全球范围内量化湿沉降和全(湿和干)沉降的组成对于理解酸化和富营养化等当代环境问题的原因和影响非常重要。建立这一重点领域的一个重要步骤是制定GAW降水化学观测手册(GAW第160号报告)。该文件促进了国家和区域计划的观测资料统一,并提高了全球数据质量。GAW社团的共同努力的结果给出了降水化学和硫、氮、海盐、碱性阳离子、有机酸、酸度和pH值以及磷沉降的全球评估产品(Vet et al.,2014)。图1.10(彩)给出了评估结果中的一个例子。该评估的主要产品由世界数据中心提供,可以从区域和国家监测网络收集的已进行质量保证的离子浓度和湿沉降数据的沉降化学数据库(http://wdcpc.org/)中得到。

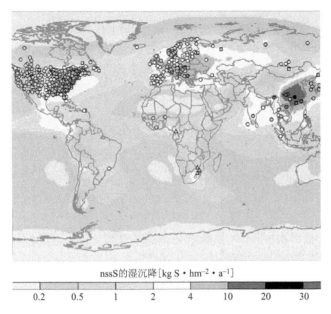

nssS的湿沉降[kg S・hm^{-2}・a^{-1}]

| 0.2 | 0.5 | 1 | 2 | 4 | 10 | 20 | 30 |

图 1.10(彩)　nssS 测量模型的湿沉降(单位为 kg S・hm^{-2}・a^{-1})
测量值代表 2000—2002 年的 3 年平均值;模型结果代表 2001 年

(来源:Vet et al.,2014)

GAW 辐射观测重点是紫外线辐射,多年来研发出许多仪器并制定了测量指南。许多区域和全球校准设施支持全球紫外线辐射观测的质量保证。GAW 与其他计划和机构合作,制定了与公共卫生和认知相关的文件。关于公共信息的一项重要成果是 GAW 和世界卫生组织(WHO)、环境署和国际非电离辐射防护委员会(ICNIRP)共同提出了紫外线指数(http://exp-studies.tor.ec.gc.ca/cgi-bin/clf2/uv_index_calculator? lang＝e&printerversion＝false& printfullpage＝false&accessible＝off)。

1.3.2　交叉活动

重要的 GAW 活动是在单个研究计划(由专家团队协调和建议)或联合研究项目中制定的。例如,GAW 城市气象和环境(GURME)研究项目是 GAW 的一个组成部分,其重点是开发改进的空气质量预报系统,并为 WMO 更广泛的城市服务计划做出贡献。GURME 涉及与世界天气研究计划(WWRP)的合作。GURME 推广试点项目并举办有关空气质量相关活动的研讨会。主要成就包括由印度热带气象研究所(IITM)浦南开发的空气质量预报和研究系统(SAFAR),为 2010 年上海世博会开发的世博会多灾种早期预警系统的新空气质量和相关服务模块,以及为拉丁美洲城市开发的新空气质量预报系统(Saide et al.,2015)。近实时(NRT)数据应用于空气质量预报是两个新的试点项目,一个在中国气象科学研究院,另一个在墨西哥城。试点项目说明了将研究转化为加强天气和空气质量服务的一些方法,特别是解决气溶胶与天气和气候系统间复杂的相互作用问题。

GAW 近实时化学成分数据传输专家组(ET-NRT·CDT),已在 WMO 综合全球观测系统框架内建立了几个与 NRT 数据交付相关的试点项目,涵盖了城市以上规模使用 NRT 数据的应用。鉴于此类建模活动越来越重要,该专家组于 2015 年由 EPAC SSC 转变为新的科学咨询小组,该小组随后获得了第 17 届世界气象大会的批准。该 SAG 有许多重点任务,包括改进模型,开发与粉尘、火山灰和生物质燃烧有关的服务。该小组与 WWRP 和数值实验工作组(WGNE)密切合作,并以 WMO 沙尘暴预警咨询和评估系统(SDS-WAS)中提供大气成分相关产品和服务为例。SDS-WAS 成立于 2007 年,作为 WWRP 和 GAW 的联合活动,用以响应 40 个 WMO 成员国的号召,以提高更可靠的沙尘暴预报能力。SDS-WAS 多模型预测可在 http://sds-was.aemet.es/forecast-products/dustforecasts/sds-was-and-icap-multi-model-products 上在线获取。SDS-WAS 的进一步发展将遵循其科学和实施计划(见 WWRP 2015-5 报告)。

海洋环境保护科学方面专家组(GESAMP)由联合国(UN)于 1969 年建立,是一个咨询机构,为联合国系统提供权威、独立和跨学科的科学建议,以支持保护和可持续利用海洋环境工程。自成立以来,WMO 一直支持 GESAMP。GESAMP 第 38 工作组(WG)大气向海洋输入化学品,于 2007 年成立,WMO 为其牵头机构。该工作组研究大气成分和沉降的时空变化对海洋生态系统、海洋生物地球化学和气候的影响,它提供了大气成分和沉降社团与海洋环境影响社团之间的联系。GESAMP WG 38 发表了许多报告和同行评审的论文,涉及海洋中营养物质(氮、磷、铁)的大气沉积及其对海洋化学和生物过程的影响。第 38 工作组还向 GAW 小组提供了有关海洋环境相关问题的 WMO 降水数据综合和社区项目以及 SDS-WAS 的咨询报告。第 38 工作组和 SDS-WAS 还举行了一次联合会议,他们为适宜海洋大气沙尘采样地点和操作提供建议,以便为海洋学界带来最大利益。WG 38 即将开展的活动将侧重于海洋酸化对大气非 CO_2 气候活性物种的空气/海洋通量的影响,以及大气酸度的变化将如何影响沉积在海洋中的铁和磷等重要营养素的溶解度和生物利用度。WG 38 将继续积极参与 GAW 发起的生物地球化学循环工作,将寻求 GAW 关于其研讨会主题和成员资格的建议。

2 全球大气观测（GAW）的下一个十年

GAW下一个十年愿景,是将高质量的大气观测国际网络覆盖到全球和局地尺度,推动高质量和对科学有影响的发展,同时合作研究开发新一代产品和服务。

图2.1说明了观测系统基础设施、观测和模式生成数据之间的关系,它们在基础科学中的使用,以及在GAW内部研究与服务的转换等。GAW将持续关注观测网络的研究和支撑,提供高质量的数据以推动科学发展。在2016—2023年执行计划(IP)期间,GAW将更加重视将研究成果转化为制作更多的与社会相关的增值产品和服务,并支撑联合国2030年议程和可持续发展目标,包括气候、天气预报、人类健康、特大城市发展、陆地和水生生态系统、农业生产力、航空运营、可再生能源生产等。

图 2.1　GAW 计划中加强大气成分服务研究的基础

加强大气成分服务研究

GAW任务本质上是开展大气化学成分测量以及科学分析和建模等相互补充的综合性活动。继续推进GAW计划的关键战略,是更加广泛地利用GAW观测和研究活动来巩固和支持依赖大气成分和相关参数信息的、具有高社会影响的服务的发展。这些服务需要利用 GAW 和协同观测。它们涉及基于观测的分析和数值预报中对不同类型观测的整合,目的是为检测、管理和减缓影响环境、健康和福祉以及世界经济活动提供信息产品,使得能够基于实证做出决策。

为了确保为各类用户群体开发产品和服务,并支持所需的跨领域研究活动,已根据其时间和空间尺度确定了三个扩大化的应用领域。它们用于简化以观测为基础的研究和实施战略。

(1)**大气成分观测**:涵盖了从区域到全球尺度,与大气成分的时间和空间变化有关的评估和分析应用。这些应用包括对大气成分、沉降和排放(例如,支持环境公约)等趋势的评估;气候学再分析与发展;区域和全球化学输送模式及其表示过程的评估;卫星衍生大气成分变量反演的评估;支持条约的监测;以及诸如南极臭氧公报和温室气体公报、国家/大气健康报告等交流产品。

(2)**大气成分变化及其引发的环境现象预报**:涵盖从全球到区域尺度的应用,水平分辨率类似于全球数值天气预报(约 10 km 或更粗),并具有严格的时效性要求(近实时)。这些应用包括沙尘暴预警、雾-霾预报和化学天气预报等的运行支持。

(3)**为支持城市和人口稠密地区的服务提供大气成分信息**:涵盖针对特大城市和大城市群(水平分辨率为几千米或更小)的应用,在某些情况下,具有严格的时效性要求。这类应用的一个显著特点是,它们强调对业务服务支持的研究,例如空气质量预报,这些研究采用了试验项目和可行性示范等方法。

从这些 GAW 引领的主题应用领域产生了许多有针对性的服务。如图 2.2 给出了一个潜在服务的例子。在附录 A 中对它们进行了扩展。

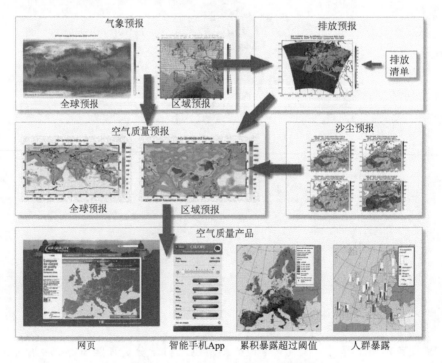

图 2.2 GAW 潜在服务示意图

3 GAW 目标和实施

为满足对大气成分信息和相关服务日益增长的需求,促使 GAW 进一步集智攻关,重点是加强观测系统建设,以尽可能多地提供表征大气成分现状和趋势所需的数据。此外,还必须扩大对 GAW 观测和研究活动的利用,以支持依赖大气成分和相关参数信息的具有高社会影响力的服务的发展。以上将通过加强建模工作和改进的信息管理基础设施来实现。总的来说,成功和可持续发展需要在合作、能力和沟通等建设方面付出更大努力。

下文列出了具体的优先活动(所有关键活动及相关实施职责的汇总表见附录 D)。

3.1 观测（地面、卫星、移动）

大气成分变量的地基观测(原位和地基遥感)是 GAW 战略的一个重要组成部分。观测网络由 WMO 成员、研究机构和/或代理机构运营的不同级别的观测站构成,包括全球、区域、地方和移动站。观测站可以在其他国家或国际的观测网络中运行,这些观测网络在与 GAW 计划签署协议后成为自愿参与的观测网络(自愿参与站网络)。贡献网络通过覆盖更多地区(范围)、垂直分层(专门规定的可管理区域)、参数或通过采用不同的测量技术来增加从 GAW 网络获得的信息。因此,它们提供了更多的科学专业知识,并支持 GAW 和广大科学界的研究与服务活动。图 3.1(彩)描绘了与气象参数有关的观测系统的不同要素。GAW 及其合作伙伴正在为大气成分观测建立一个类似的系统。GAW 协同观测网络有助于 WMO 的全球综合观测系统(WIGOS)的建设。GAW 台站的一般要求和与台站状态有关的程序详见附录 B。

全球综合观测系统必须包括在全球所有地区的地面和近地面开展的高精度测量。GAW 全球站是该计划的旗舰,是具有全面测量和大尺度观测记录的代表性地点。这些台站的观测计划包括按照 GAW 质量保证/质量控制(QA/QC)方案进行测量并具有多重应用的各种 GAW 参数。除核心 GAW 参数外,这些台站还通过一系列的扩展测量,对大气成分变化进行了广泛的研究(在一些 GAW 全球站,所开展的测量要素超过 50 种)。GAW 全球站起着卓越中心的作用,它们主持国际研究活动,并通过站点结对计划积极参加 GAW 的能力开发。GAW 全球站在 GAW 数据中心的数据提交方面拥有出色的记录,并积极参加近实时(NRT)的数据交换计划。

GAW 区域站的测量项目较少,在许多情况下,它们是为了支持特殊应用而建立的(例如,仅有一个重点领域的测量参数)。这些台站也遵循 GAW 的测量方案,并允许在全球评估中使用其数据。有一些 GAW 区域站确实具有较多的测量和研究计划,鼓励这些站申请 GAW 全球站的身份(应满足所有要求,参见附录 B)。鉴于此执行计划和响应 WIGOS 网络设计原则,鼓励 GAW 区域站扩展其测量计划,以确保其数据能够支持多重应用。这些台站还应确保定期向 GAW 数据中心提交台站所有测量参数的数据。

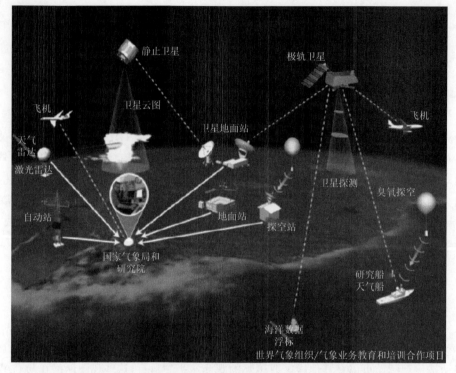

图 3.1(彩)　WMO 全球观测系统(划掉了对 GAW 不适用的要素)

　　地方站是 GAW 网络的一个新的组成部分。地方站反映出对开展与城市环境,以及受附近排放(例如生物质燃烧)影响的其他地区相关的研究和支持服务越来越有兴趣。地方站可能用于:城市地区大气成分测量,与附近源相关的大气成分增量的测量,以及城市中心流出量的测量等。这些台站也被设计成 GAW 应用领域所必需的组成部分,聚焦于城市的空气质量预报。地方站可以补充当地监管机构采集的空气污染数据,和/或可能以地方站为核心,在没有空气质量业务监测的地区建立此类观测网络。地方站(作为参照点)可用于与地区性的空气质量观测网络进行比较,因为 GAW 地方站的观测结果符合 GAW 标准,在适当情况下,可以在城市应用中使用当地网络的观测资料。

　　地基遥感构成了地基观测网络的一个重要组成部分。这种测量技术可获得关于气体和气溶胶参数的柱总量信息,并反演垂直廓线。碳柱总量观测网络(TCCON)通过关键温室气体的柱测量为 GAW 计划做出了重要贡献。GAW 气溶胶激光雷达观测网络(GALION)使用先进的激光遥感技术在全球范围内对气溶胶垂直分布进行长期观测。大气成分变化监测网络(NDACC)也对 GAW 做出了一些贡献。

　　为了获得大气化学成分的完整图像,有必要通过移动(例如机载和船舶)观测来补充基于地表固定位置的观测。许多国家和国际飞机观测/研究网络和计划(例如,由美国国家海洋和大气管理局(NOAA)执行的北美碳计划、日本气象厅(JMA)利用日本航空公司(JAL)的飞机每月对北太平洋西部的对流层温室气体进行常规观测、在 IAGOS 研究基础设施内的定期观测和巴西的飞机观测等)也自愿加入了 GAW 观测网络。来自于各种短期研究活动的观测也增强了这些观测结果。如果没有卫星观测对许多大气成分参数提供全球覆盖的贡献,那么地基观测系统的观测将是不完整的。到目前为止,卫星观测在 GAW 中的作用还非常有限。鉴于众多的应用需求,卫星观测的作用将在本计划执行期间有所增加。对大气成分的卫星数据进行有效同化,可用以改进天气预报、空气质量预报系统,以及用于反演模式以改善排放估算。

用于特定分析和应用的大气成分观测能否发挥有效作用取决于许多因素。GAW 将台站确定为全球站、区域站、地方站或移动站,既是台站位置的象征,也传递了站点整体活动的信息(例如,测量参数的数量、数据提交历史以及数据分析的范围)。然而,当遇到相对于其他变量而言有明显的污染时(例如,来自本地臭氧前体物的强烈影响,但没有 CFC,反之亦然),台站对一个变量的背景条件进行测量是很必要的。同时,为促进 GAW 数据的广泛使用,需要站点相关的局地和区域污染源及其所处环境的其他信息。为增强对所用元数据的描述,还需要进一步努力,通过与 WIGOS 合作来制定此类描述的标准。

为发展支持具体应用的全球大气成分观测系统,需要进一步加强用于研究和应用的大气成分信息的使用力度,这将通过 WIGOS 的实施和需求滚动评估(RRR)过程(参见图 3.2)来实现。测量应满足用户对质量、空间和时间分辨率要求的目标。RRR 过程的作用是指导成员国发展满足其需求的观测系统。在过程开始时确定的要求是与技术无关的,这有助于以经济有效的方式设计一个能够满足要求的系统。RRR 过程最初是由 GAW 观测要求和卫星测量任务组(TT-ObsReq)与 SAG 合作推动的。在本计划的实施期内,将由 SAG 和 SSC 负责 RRR 过程。

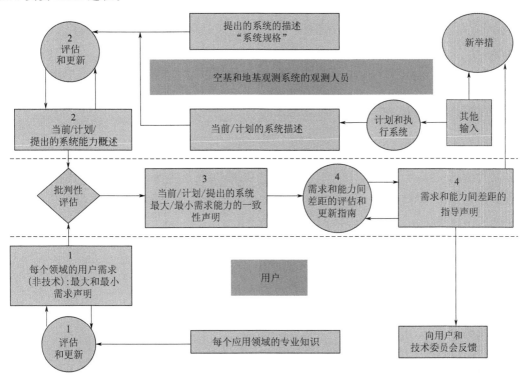

注:1,2,3,4是RRR过程的各阶段。

图 3.2 需求滚动评估(RRR)过程用于帮助设计支持大气成分应用和服务的观测系统

与观测相关的关键活动包括：

A-O-1　支持连续运行,开发测量程序,共享具有可靠记录的现有 GAW 台站数据。

A-O-2　进一步努力填补覆盖全球的地表观测空白,特别是在数据缺乏地区,如热带、气候和污染敏感区域,北极地区(与 WWRP 极地预测计划合作)。同时适应区域需求和寻求尽量减少限制(仪器和人力资源)的方式。

A-O-3　研究和开发新兴测量技术和非常规测量方法,与 WMO 仪器和观测方法委员会(CIMO)协调这些观测在 GAW 中可能发挥的作用。

A-O-4　努力扩大和加强与自愿参与站网络间伙伴关系的工作力度,通过发表声明和制定战略,在数据报告的流程和质量保证标准和元数据交换方面实现合作共赢。

A-O-5　跨空间尺度,特别是与空气质量相关的气体和气溶胶观测。这涉及与国家和区域环境保护机构的合作以及开发统一的元数据、数据交换和质量信息。在受附近排放源影响的地区建立地方观测站,便于加强研究和服务(例如城市环境)。

A-O-6　通过集成现有的和约定的地基、气球搭载、飞机、卫星和其他遥感观测,进一步将 GAW 发展成三维全球大气化学测量网络。

A-O-7　加强作为观测系统组成部分的卫星观测。与参与卫星运行的 WMO 成员合作,考虑对大气成分变量观测的需求,参考 RRR 过程中的用户要求,以最小的延迟共享观测数据。

A-O-8　通过建立标准、最佳实践、经验分享和培训,支持近实时(NRT)数据传输和提高其准确性等技术能力的开发。

A-O-9　通过实施 WIGOS 和 RRR 程序,发展全球大气成分观测系统,以支持 WMO 应用领域。

A-O-10　作为跨领域活动,与其他计划合作,继续努力建立水汽观测和应用系统。

3.2　质量管理框架

为预期用途提供可靠质量的产品和服务,从根本上依赖于基础数据的质量。质量保证和质量控制(QA/QC)活动,适用于计划的所有要求,包括从观测网初级标准的分配到能力建设和执行测量人员的培训等。GAW 质量管理框架必须在 WMO 质量管理框架(WMO-No.1100)下执行,用于大气成分的测量。

GAW 质量管理框架包含以下活动：

1)评估台站的基础设施、运行和观测质量；

2)制订支撑质量保证体系的文件；

3)建立和支持全网络实施质量保证/质量控制行动的基础设施；

4)提交给 WDCs 的数据文档；

5)台站人员培训；

6)提高 WDCs 存留数据的质量和文档。

应用于各个台站和整个网络的 GAW 质量保证/质量控制(QA/QC)程序的要素如图 3.3 所示。

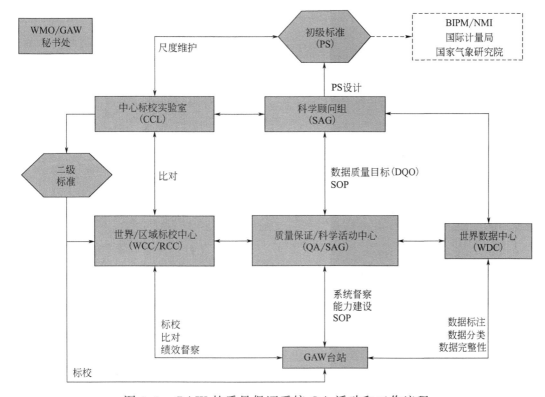

图 3.3 GAW 的质量保证系统 QA 活动和工作流程

对一个网络标准的可溯性要求,是由以下动机所驱动的,即:"只有当所有相关测量都以相同单位和相同尺度表示,且来自不同国家和不同地点的数据具有可比性时,那么收集足够的大气化学成分,以及人为活动对不同空间和时间尺度影响的结果等信息则是有价值和合理的。"

在 GAW 计划中,观测网络的兼容性和均一性比各个台站的绝对校准更为重要,这是因为需要满足:解决大气成分空间变异性和量化小的空间梯度的需要;估算大气成分长期趋势,并在不同国家和区域之间进行比较;验证模式和卫星反演结果;为不同评估需求计算全球平均值。

GAW 质量保证(QA)系统的目标是确保 WDCs 中的数据是一致的、已知的和具有足够优质的质量,由全面的元数据支持,并且足以完整地描述全球大气状态的空间和时间分布以及用于不同应用。附录 C 提供了质量管理框架和提供支持的基础设施的详细信息。

质量保证体系的实施得到了 GAW 设备服务中心的支持,这些中心由负责它们的国家运行(职责范围见第 5 章)。

主要包括:

1)质量保证/科学活动中心(QA/SACs),执行全网络的数据质量和科学相关功能;

2)中心标校实验室(CCLs),支撑观测网络的初级标准和尺度;

3)世界和区域标校中心(WCCs,RCCs),确保网络观测对各自标准的可溯源性;

4) 世界数据中心(WDCs),存储观测数据和元数据;

5) GAW 台站信息系统(GAWSIS),作为 GAW 台站的数据库,提供与 WDC 和自愿参与站(自愿加入)数据中心的数据链接。

某些参数的数据质量目标(DQO)[①],已由相关社团或所负责的 SAG 建立。对于大多数 GAW 变量而言,测量指南或标准操作规程(SOP)由负责其的 SAG、QA/SAC 和/或 WCC 进行制定。主要针对全球 GAW 台站和一些选定的成分参数(量)进行了定期的系统性的检查和督导(参见如 Buchmann et al.,2009)。台站自身对其产生的数据质量负有主要责任。即使经过 25 年的运行,尽管在所有方面都取得了进展,但 GAW 的质量保证体系仍不完整。因此,鼓励成员提供资源以填补观测系统和 GAW QA 系统实施的空白。

关键的数据质量活动是:

A-QA-1 尽可能多地使 GAW 主要变量(见专栏 B.1(A))的 DQO、测量方法和程序标准化。

A-QA-2 通过调整方法来提高测量质量,同时考虑仪器开发和校准的发展,改进反演算法以及更好地共享与仪器校准相关的元数据。

A-QA-3 鼓励现有 GAW 设备服务中心持续运行和建立新中心。

A-QA-4 为仪器操作和校准制定统一指南。通过全面分析和所有单独测量的不确定度文件以及提供详细的元数据,来提高数据的价值和完整性。

A-QA-5 采用和使用国际公认的方法和词汇来量化测量的不确定度(ISO,1995;2003;2004)。为了促进通用术语的使用,开发了一个网上术语表,并定期更新(网址为:https://www.empa.ch/web/s503/gaw_glossary)。

A-QA-6 继续支持仪器操作、维护和标校,特别是在发展中国家。仪器标校的连续性是 QA/QC 的一个重要方面,在建立 WCC、RCC 以及鼓励按照标准化程序进行比对等方面,GAW 计划已做出了重要贡献。这些有助于提高数据质量,使来自不同站点和网络的数据均一化。标校成本是一项重大挑战,主要是在发展中国家,需要予以关注和创造性地解决这一问题。

A-QA-7 协同使用不同仪器来填补数据空白,但必须要始终确保数据系列的完全一致性。数据系列的完整性对于许多应用都非常重要,主要用于趋势的确定。

A-QA-8 制定和实施地基和星基遥感设备观测方法溯源到 WMO 初级标准的方法。

3.3 数据管理

GAW 台站和自愿参与站网络的观测数据由专门的世界数据中心采集、质量控制和发布。这些数据中心包括:

1) 世界臭氧和紫外辐射数据中心(WOUDC,http://www.woudc.org/);

2) 世界温室气体数据中心(WDCGG,http://ds.data.jma.go.jp/gmd/wdcgg/);

---

① 数据质量目标定义为阐明观测目标的定性和定量陈述,规定适当的数据类型,并确定单个测量不确定性和/或网络兼容性的可容忍水平。DQO 是支撑决策所需数据的质量和数量的基础。

3）世界气溶胶数据中心（WDCA，http：//www.gaw-wdca.org/）；

4）世界降水化学数据中心（WDCPC，http：//www.wdcpc.org/）；

5）世界反应气体数据中心（WDCRG，http：//www.gaw-wdcrg.org/）；

6）世界辐射数据中心（WRDC，http：//wrdc.mgo.rssi.ru/）；

7）世界大气遥感数据中心（WDC-RSAT，http：//wdc.dlr.de/）。

这些 WDCs 一直致力于统一数据汇交和开发数据访问程序，并结合 GAW 联邦数据管理系统的愿景继续努力,该系统将允许对所有 GAW 数据进行完全互操作的访问。借助分布式网络服务的优势和持续的元数据标准化工作,将促进单个 GAW 台站和自愿参与站网络以及卫星数据和模式产品的集成,如图 3.4（彩）所示。GAWSIS 将继续在数据发现、GAW 台站和自愿参与站网络测量的详细信息方面发挥核心作用。通过 WMO 观测系统能力分析和评估（OSCAR）新系统,GAWSIS、WDC、自愿参与站网络数据中心和其他机构,如以航天机构为重点的数据中心,将成为 WIGOS 实施的必要组成部分,并促进 WMO 计划和学科之间的数据交换。

GAW 将继续与其他相关活动者（航天机构、环境机构、研究网络）保持联系,以统一元数据和数据格式,从而促进 GAW 和其他数据在各种应用中的使用。GAW 将与 WMO 的其他计划进行互动,以确保大气成分信息元数据的一致性,并致力于为包括发现、提供研究驱动、运行观测、模型数据和服务应用等提供完整的服务链。

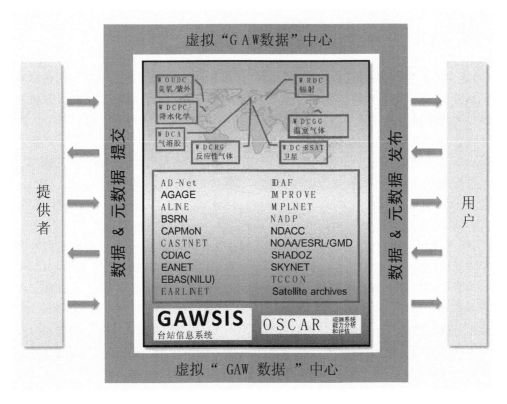

图 3.4（彩） 联邦数据管理系统概念示意图

为了支持 GAW 应用领域和活动,适当的数据管理、数据和元数据提供起着至关重要的作用。

数据管理活动包括:

A-DM-1　建立并使用联邦数据管理基础设施,包括 GAW 数据中心、自愿参与站网络数据中心和 GAWSIS,以实现可互操作的数据挖掘和访问机制。

A-DM-2　改进对数据和综合元数据的开放访问,包括 GAW 主要变量的地基、飞机和卫星观测的标校历史记录。

A-DM-3　使 GAW 数据管理活动,特别是在元数据文档方面与 WIGOS 框架一致。

A-DM-4　开发并促进数据归档和分析中心的支持,以满足应用程序和服务交付的需求。

A-DM-5　确保 WMO/GAW WDCs 收集和存档的数据与自愿参与站网络存档的数据质量已知,足以满足其预期用途且记录全面。

A-DM-6　利用 WMO GTS/WIS 促进与空气质量和预报相关变量的 NRT 交付,因为它是开放、分散和面向节点的结构。继续抓住机遇,扩大 GAW 变量的 NRT 交付服务。

A-DM-7　开发数据提交和数据使用程序,并在 GAW 数据产品中加入不确定度,从而可以根据 RRR 流程规定的标准选择和使用数据。

A-DM-8　继续尽最大努力对 GAW 数据集全程式采用数字对象标识符(doi),以便在科学分析和报告中正确识别数据贡献者,并且还可以更好地监控实际数据的使用情况。

3.4　模式和再分析

GAW 对进一步研发大气成分模式的模块有着非常强烈的需求。GAW 任务本质上是对有关测量、科学分析和大气化学成分模式进行补充和满足综合活动需求。所需要的是既可以改善和增强观测的空间/时间覆盖范围,在某些情况下,甚至还可以提供相关的产品和服务。在世界范围内使用的数值模式,其产品和服务明显受益于 GAW 观测数据的广泛使用,如模式评估、模式内同化和推动模式开发等。因此,需要在 GAW 中建立模式框架,以推动和促进 GAW 观测数据集在整个物理和化学过程中的集合,并支持特定应用。此外,许多用户的要求不能通过观测(例如空气质量预报)直接解决,它们需要在全球范围内实施统一的模式方法,就像观测所做的那样。通过模式可以向会员提供更多的服务。

GAW 模式框架将包含 SAG 和专家组,同时也认识并考虑到不同 SAG 具有内在模式需求的事实。应用 SAG(SAG-Apps)将重点关注 NRT 数据在大于城市尺度上的应用,包括地方模式边界条件的开发和模式改进,以及与沙尘、火山灰、生物质燃烧烟羽和健康应用等相关的服务开发。另外,通过与 WIS/WIGOS 合作,确保观测数据的发布,SAG-Apps 将对确保提供服务交付可能性的数据系统进行评估。通过与 WGNE 联络,并考虑到世界天气开放科学大会的结论,它将努力改善大气成分在天气模式中的应用。此外,基于数据同化,通过与 SAG GURME 联络,对于世界范围内区域和地方空气质量应用,将促进全球采用"现实的"边界条件。此外,通过与 SDS-WAS、火山灰咨询中心(VAAC)和其他国际活动联络,它将进一步促进观测数据的使用,以更好地监测和预测大尺度的沙尘、火灾、火山排放及其影响。

以建模为重点的相关活动主要包括：

A-M-1　考虑到全球/区域和当地的需求,开发模式与服务的组合产品。

A-M-2　与 WWRP、WCRP、WGNE 等联合进行模式专业知识交流和模式开发工作。应特别强调的是改进与大气传输和化学天气/空气质量相关的模式能力(通过与 ICAP、Aerocom 和其他计划的合作)。

A-M-3　与 WWRP、WCRP、WGNE 和国际大气化学社团联合,共同开发关于化学成分模式和产品的通用技术标准,用于评估和作为通用验证方法。

A-M-4　与 WWRP、WCRP、WGNE 等联合,共同开发跨主题领域的模式结果和观测资料的集成方法以及观测与模式开发的集成方法,包括模型评估、数据同化和源解析。

A-M-5　与 WWRP(S2S 和高影响天气计划)、CAgM、WCRP、WGNE、IGAC 和跨学科生物质燃烧倡议(IBBI)合作,开展旨在改进烟雾预报和提供数据以验证预报准确性的研究。

A-M-6　与 WWRP、CAeM、CAgM、WGNE 和其他相关组织合作,开展旨在改进沙尘暴预报系统和提供数据以验证预报准确性的研究。

A-M-7　与 WWRP 合作,开展旨在改进城市空气质量预报系统(通过 GURME 示范项目)和提供数据以验证预报准确性的研究。

A-M-8　制定全球温室气体综合信息系统(IG^{3}IS)的实施计划。该系统可以作为基于观测资料的工具,帮助规划和评估温室气体减排。由于温室气体对气候有直接影响,IG^{3}IS 的实施将支持 GFCS。网络发展对于早期发现极地和热带地区的地球生物化学循环变化至关重要。

A-M-9　通过与 WHO、UNEP 和其他组织的合作,进一步发展和支持与大尺度健康和其他空气质量影响有关的服务,例如侧重于全球疾病负担和空气质量对农业影响的平台。

A-M-10　扩展利用大气成分数据进行逆向模式改进排放估算以及估算支持政策评估所需的排放趋势的能力。

A-M-11　与相关国际组织/社团合作开展"空气质量监测、分析和预报综合网络"(MAF-AQ)活动,其目标是开发预报和降尺度能力,为世界各地受高污染严重影响的区域提供与空气污染相关的产品和服务(如拉丁美洲、非洲、亚洲)。

3.5　联合研究活动

GAW 计划将通过新的举措/活动解决 CAS 和 WMO 确定的战略优先事项,支持上述专题研究应用且产品和服务优先。这些举措涉及 GAW 内部 SAG 之间的合作,WMO 内部的其他计划(如 WWRP 和 WCRP)以及 WMO 以外的组织之间的合作,包括 WHO、UNEP、国际全球大气化学计划(IGAC)、陆地生态系统—大气过程综合研究(iLEAPs)、平流层—对流层过程及其在气候中的作用(SPARC)、国际地表海洋低层大气研究(SOLAS)等。

联合研究活动包括：

A-JR-1　制定以气溶胶为重点的综合研究战略。

A-JR-2 在GURME计划(在WMO内部和外部工作)成功的基础上,为城市环境建立扩大环境服务的综合战略。

A-JR-3 加强对降低灾害风险的贡献。

3.6 能力发展

能力建设是WMO在2016—2019财年的战略重点之一。特别是在发展中国家、最不发达国家和小岛屿发展中国家,通过开发和提高合格的人力资源、技术和制度能力,以及基础设施来重点增强国家气象水文部门完成任务的能力。

根据WMO的战略计划,全球大气观测在其所有活动中包括了能力发展要素。在全球大气观测中,能力建设的范围涵盖了从提供业务活动方面的援助到专题/专业研讨会,以及有经验的和经验不足的国家之间的直接合作或结对、正规的培训计划和扩展。业务活动的支持,包括在仪器和测量系统的操作、观测的质量保证等方面对技术人员的培训,以及在数据分析和解释方面进行协助和培训。这些活动可以通过如下几种机制来进行:

1)在德国支持的GAW培训和教育中心(GAWTEC)进行正规培训;

2)专业的培训学校和研讨会;

3)在台站督察和比对活动期间,对台站人员进行培训和知识交流;

4)在配对的新台站和已建台站或实验室间实施结对计划和人员交换,以便快速地跟踪满负荷运行状态的新台站的发展。

SAG通过提供测量指南和专家建议也在主题领域提供非正式的指导。GAW进一步促使欠发达国家实现能力发展,并在全球协作努力下,通过计划和战略发展协助使其成为全面的合作伙伴。

可以在GAW台站间进行比较的高质量数据产品,是GAW要求统一数据收集和分析方法的一个基本目标。因此,校准及标准和仪器间的比对是GAW能力建设的重要组成部分,由设备服务中心和SAGs来执行。GAW通过向社会提供评估数据以及报告、简报和出版物的科学信息来增强全球服务能力。GAW评估报告被视为向公众和政府提供的一项重要服务。随着GAW大气服务的发展,这将成为GAW能力发展的一个越来越重要的方面。

除了提高技术能力之外,GAW还支持国家气象水文部门和其他相关机构提供更强的服务能力。GAW通过GURME活动促进了气象和空气质量预报能力的发展,这已经通过举办培训班和示范项目的持续计划实现了。已有的成果包括印度理工学院的热带气象空气质量预报系统(SAFAR)、上海世博会多灾害早期预警系统以及智利国家气象局采用和运行的空气质量预报系统。

EPAC SSC确保GAW所有的业务方式具有区域和属性方面的全球代表性。EPAC SSC已经制定了一项战略,以确保WWRP、UNEP、WHP、WHO以及不同的SAGs之间在交叉议题方面的能力发展。在支持WMO首要任务方面,GAW支持WMO有力地帮助成员国寻求可持续发展。此外,GAW支持学生和年轻科学家们参加会议和研讨会。

专项技术培训由GAWTEC提供。GAWTEC已开展了15年多的台站人员培训并发挥了重要作用,在国家内部建设了专业技术队伍且建立了国际网络。GAWTEC位于德国巴伐利亚州的 Schneefernerhaus 环境研究站（UFS），由来自 GAW 社团的专家提供培训。GAW 全球站"楚格峰/霍亨派森贝尔格（Hohenpeissenberg）"主要用于一些实习操作。GAWTEC 培训班每年两次，每次为期 2 周，每次约 10 名学员。培训主题包括 GAW 参数的测量技术（采样、直接仪器测量）、分析技术（化学和物理的测量技术）、质量保证和数据分析等。

主要能力建设活动如下：

A-C-1　继续建立能力发展机制，包括培训 GAW 台站的人员，并寻找其他机会，确保提高 NMHS 和其他 GAW 伙伴机构提供的与大气成分有关的高质量观测和服务能力。

A-C-2　加大努力使 WMO 区域培训中心参与大气成分培训，并尽可能确保以 WMO 官方语言提供培训材料。

A-C-3　确定协同作用并寻求与其他组织和计划（例如 WWRP、UNEP、WHO）的可能合作，以利用所有可能的培训机会。

A-C-4　通过现有的管理机制与 WWRP/WCRP 密切合作，制定让青年科学家（YS）进一步参与 GAW 战略，为 YS 提供改善网络和利用暑期学校的机会。

A-C-5　制定战略，根据需要提供与模式相关的进修培训。

3.7　外联与交流

GAW 是一项由观测、数据分析与模式活动组成的研究计划，能够很好地为全球、区域和城市尺度的服务和应用支持需求提供科学信息。外联和交流工作需要在人类活动对大气成分影响，进而对气候、天气、空气质量、人体健康、生态系统和生物多样性的影响等方面分享最新科学知识。在 WMO 社团和其他国家/国际机构、更广泛的科学和政策界以及普通公众中维持 GAW 的信誉和提高知名度方面还需要进一步努力。

GAW 的交流目标包括：

1）向成员、媒体、决策者和公众告知和交流大气化学成分及其变化引起的环境变化情况。

2）利用对地球系统最新的科学理解和当前的知识水平，对大气化学成分变化对气候、天气、空气质量以及人类和生态系统健康影响的原因及结果等情况进行交流。

3）发挥 GAW 在支持人类对全球大气成分的认识方面，作为提供可信、统一（地理和跨重点领域）的观测和分析结果的协调机构的作用和价值。

4）宣传 GAW 在推进环境预报方面的科学性和能力，在提升环境预报解决成员们任务的价值方面的贡献。

5）宣传大气成分长期系统观测、大气研究投入、创造高品质数据的开放共享、政策以及用户在了解大气化学成分相关知识等方面的价值。

6）推进 GAW 计划提供的产品和服务，并提升 WMO 成员在履行任务时的价值。

7）交流计划执行状态、正在进行和计划进行活动的进展情况，请求各成员对项目运行和进一步发展提供支持和贡献。

8）在 GAW 活动（包括培训）中，强调/鼓励科学专家和机构的参与和合作。

关键的 GAW 消息包括：

1）大气成分很重要，因为它会影响气候、天气、空气质量、人体健康、生态系统的生物多样性/可持续发展、粮食安全等。

2）为理解最紧迫的环境问题所需的高质量观测和研究，要求在全球和区域范围内协作。

3）GAW 主导的活动，通过加强观测和模式能力的紧密结合，巩固和支持了许多依赖于大气成分及相关参数信息的高社会影响的时事服务。

4）GAW 正在处理诸多中心所面临的在预报系统中结合和利用大气成分信息（物有所值）的研究挑战。

5）GAW 观测结果可用于许多应用，因此是值得投资的（物有所值）。

6）GAW 是一个可信的国际科学和技术的计划。

7）GAW 为优化大气成分观测网络提供指导和示范。

8）GAW 是从 GAW 台站和其他自愿参与站监测网络获取大气成分数据的途径。

9）GAW 提供决策相关的产品和服务。

10）GAW 有助于增强成员履行任务的能力。

GAW 有许多合作伙伴，交流信息需要针对不同的目标对象。交流关注的主要社团包括：WMO 成员（国家气象水文部门和其他国家（非气象）机构）；其他联合国机构和国际机构；大气和更广泛的科学界，包括早期职业科学家；国际和国家决策机构；资助机构（如世界银行和其他利益相关者）和一般公众。

众多工具的使用，有助于将关键信息传送到不同的目标对象。一个是出版物，许多重要的出版物由 GAW 计划进行协调。一个是每年的温室气体公报，它在气候变化框架公约的缔约方会议之前，为政策制定者提供环境大气中温室气体信息。还有描述春季南极大陆臭氧耗损的 WMO 南极臭氧公报的出版，迫切要求所有成员在南极洲和周围开展观测，并为公报制作提供近实时数据，均需要不断努力。此外，还有气溶胶公报。

GAW 通过定期通讯将计划活动的一般信息与成员进行交流。GAW 通讯（电子杂志）将过去和未来的 GAW 会议、新观测站、设备服务中心升级以及科学新闻等提供给相关社团。支持应用领域更多的出版物，应由 GAW 计划提供，特别是应以简洁明了的通讯或通报形式提供。

本实施计划中的关键活动包括：

A-OR-1 使 WMO/GAW 网页现代化（例如特色新闻、GAW 专家简介）。

A-OR-2 继续出版当前的出版物（公报和通讯）。

A-OR-3 开发以 GAW 活动/产品为特色的新闻报道/文章（包括示范项目更新），并可在各种通信媒介（网站、新闻通讯、社会媒体）中重复使用。

A-OR-4 制定协调和宣传有关环境事件的声明（例如火山爆发、极端/记录观测）战略。

A-OR-5 促进 GAW 出席重要的科学会议，包括通过共同发起专业会议。

A-OR-6 通过电子订阅实施在线系列研讨会。

A-OR-7 开发与 GAW 全面相关的定期出版物，主要包括大气成分状况（大气健康状况），为什么它具有与众不同的重要意义（例如气候、健康等），以及高质量的测量和服务对社会的益处。

A-OR-8 与 UNEP 和 WHO 联合,通过联合研讨会和项目开展合作,重点是新测量技术、城市、全球尺度空气质量分析以及气候变化的影响,继续并扩大努力共同制定关于气候变化、空气质量和健康影响等问题的常用交流信息,通过各委员会(如 SSC)的联合代表进行正式交流。

上述工具和活动将由 GAW 秘书处协调和发布,包括来自 GAW 社团贡献的内容。

4　合作伙伴

由于 GAW 是 WMO 活动中一个不可或缺的组成部分,其成员国内的主要联络点和贡献者是国家气象水文部门(NMHSs),他们代表 GAW 负责国内活动的协调,包括研究机构和其他组织的活动。约有 100 个成员国正在参加 GAW 的测量和研究活动,而且这一数字还在增长。观测站和 GAW 中央设施服务中心的运营由各参与国负责。

国家对环境活动的责任往往不完全属于 NMHSs 的管辖范围。与大气成分有关的服务或加强与参与此类服务的其他国家机构的合作,可以帮助 NMHSs 增强在其国内的重要性。GAW 还与国际科学界广泛地联系在一起。GAW 所有的活动都依赖于合作、资源共享以及与许多其他合作伙伴组织和网络的交互。GAW 计划有关伙伴关系的主要目标是建立、加强和改善与相关组织和计划间互利的伙伴关系,以致力于解决与 GAW 计划相类似或密切相关的问题,并旨在改进提供给成员国的产品和服务。

下面列出了 GAW 的合作伙伴和合作组织:

- 联合国环境规划署(UNEP)
- 世界卫生组织(WHO)
- 国际原子能机构(IAEA)
- 世界银行
- 国际海洋学委员会
- 国际度量衡局(BIPM)
- 国际度量衡委员会(CIPM)
- 联合国欧洲经济委员会远程跨境空气污染公约(UNECE-LRTAP)和欧洲监测与评估计划(EMEP)
- 北极监测与评估计划(AMAP)
- 国际大气化学与全球污染委员会(iCACGP)
- 国际全球大气化学项目(IGAC)
- 综合土地生态系统—大气过程研究(iLEAPs)
- 国际臭氧委员会(IO_3C)
- 海洋环境保护科学方面联合专家组(GESAMP)
- 平流层—对流层过程及其在气候中的作用(SPARC)
- 国际地表海洋—低层大气研究(SOLAS)

在 WMO 秘书处内,大气环境研究司为 GAW 提供业务支持。它与其他 WMO 计划协调,如 WWRP、WCRP、GCOS、WIGOS 项目办公室、教育和培训计划(ETR)以及其他相关实体等。秘书处在合适的 WMO 主体机构指导下,与参与国的 NMHSs、WMO 技术委员会和区域协会、各种 GAW 设备服务中心以及相关的国际组织和计划等持续保持联系。

关键活动包括：

A-P-1　振兴并与本计划所列 WMO 相关应用领域以外的合作伙伴开展联合活动。

A-P-2　通过联合研讨会和项目,继续扩大努力改善与联合国环境署(UNEP)和世界卫生组织(WHO)的合作,重点是新测量技术以及空气质量和气候变化影响的城市和全球尺度分析等议题。活动可包括联合组织低成本传感器研讨会和建立测试中心,在这些测试中心可对低成本传感器进行现场评估,并将 GAW 站点作为参照。

A-P-3　在合作伙伴的帮助下,制定资源调度战略,确保 GAW 计划连续运行,特别强调提供与大气成分相关的服务。

A-P-4　通过 GAW 活动来支持国际公约(维也纳公约、LRTAP、荒漠化公约、UNFCCC)和其他相关计划(如气候与清洁空气联盟),与联合国开发计划署(UNDP)、联合国工业发展组织(UNIDO)、WHO、IAEA、世界银行、欧洲委员会和其他相关机构联合工作。

A-P-5　通过邀请具有广泛专业知识和发展能力的成员国,获得他们在培训和外联方面更大的支持,支持和鼓励现有 GAW 站点的运行,增加参与 GAW 计划的国家数量,特别是那些可能有助于设备服务中心和专家组的国家。

A-P-6　鼓励所有 NMHSs 和其他感兴趣的国家组织,在适合的实验室和研究所之间建立内部合作,特别是与国家环境保护机构、卫生权威机构和国家发展机构之间建立合作。

5 职责范围

5.1 科学顾问组（SAGs）和专家团队（ET）

GAW 计划已经建立了如下科学顾问组（SAGs）和专家团队（ET）：

1）大气总沉降科学顾问组；

2）反应性气体科学顾问组；

3）太阳紫外辐射科学顾问组；

4）气溶胶科学顾问组；

5）臭氧科学顾问组；

6）温室气体科学顾问组；

7）近实时应用科学顾问组；

8）GAW 城市气象和环境研究科学顾问组；

9）世界数据中心专家团队。

这些专家组受 WMO 大气科学委员会（CAS）及其环境污染和大气化学科学指导委员会（EPAC SSC）的监督。EPAC SSC 负责该计划的战略引领，并协调 GAW 中跨领域的主题活动和总体活动。

在 2013 年召开的大气科学委员会第 16 届会议（WMO-No.1128）上，确定了科学顾问组的基本职责范围。每一个科学顾问组都具有基本的职责范围。下文给出了与每个科学顾问组的科学重点相关的具体活动。

5.1.1 大气总沉降科学顾问组（SAG TAD）

最近，大气总沉降科学顾问组（SAG TAD，以前称为降水化学科学顾问组）的重点职责扩大到包括干沉降和总沉降，以反映当前的科学知识，即大气总沉降（湿沉降加上干沉降）表征了大气与下垫面之间的交换过程，而降水化学和湿沉降只捕捉到了这种交换过程的一部分。SAG TAD 的目标是对大气总沉降提供更为全面的理解和量化，这对于满足 GAW 计划的需求，以及对现代和新兴环境问题的理解至关重要。

具体内容包括：

TAD-1 鼓励通过世界降水化学数据中心（WDCPC,http://www.wdcpc.org/）对全球降水化学和沉降数据进行存档和发布，指导 WDCPC 开发用于数据和产品发布的用户界面。

TAD-2 通过建立和更新指南、数据质量目标和标准操作规程（针对所有感兴趣的化学成分），以及通过 GAW 实验室间比对研究和与 QA/SAC 合作开展的其他相关活动对实验室持续的绩效评估和改进，对国家和区域计划获得的降水化学和沉降测量数据以及沉降计算方法进行协调统一。

    TAD-3   协助区域计划进行新的场址、现场、实验室和数据管理业务的实施。

    TAD-4   与其他科学主题、事件、社团、国际计划和科学顾问组建立联系。

    TAD-5   促进与其他主要环境科学活动的联合行动,包括环境气溶胶和气体监测、大气模拟、生态系统效应研究、气候研究等。

    TAD-6   向其他科学界和非科学界宣传与主要离子和其他化学成分的大气沉降有关的科学状况,以及对观测数据的正确理解和使用。

    TAD-7   提供培训和支持能力提升活动。

    TAD-8   在全球和区域尺度上,对降水和总沉降成分的模型和趋势进行量化。

    TAD-9   向用户群体交流 GAW 观测的可用性,包括生态系统影响和大气模拟社团。

    TAD-10   开发、改进和应用推理的方法对干沉降进行估算。

    TAD-11   研究测量模型融合方法以获取对总沉降的估算。

    TAD-12   加深对已有或引起新兴趣的化学成分(例如有机酸、黑碳、金属、磷、汞、氮)的大气沉降的理解。

5.1.2　反应性气体科学顾问组 (SAG RG)

    反应气体科学顾问组(SAG RG)仍将继续关注对流层臭氧化学相关领域,重点是对流层臭氧本身和氮氧化物(NO 和 NO_2)、一氧化碳(CO)以及选定的挥发性有机物(VOCs)和二氧化硫(SO_2)等气态前体物。这些气体作为短寿命的温室气体、空气污染物,以及影响农业和自然生态系统的物质有着较为重要的作用。

    具体内容包括:

    RG-1   在采样不足的区域(主要是热带和南半球),推进/促进扩大反应性气体观测范围,以填补全球反应性气体观测网络中的较大空白。

    RG-2   通过 NILU 主办的 WDCRG,将所有空间尺度的国家和地区空气质量监测网络和 GAW 观测站的反应性气体观测资料整合到中心元数据和数据门户中,并指导 WDCRG 开发用于数据和产品发布的用户界面。

    RG-3   在模式系统和数据分析中,对飞机和卫星观测与地面测量数据进行整合,以期获得对流层反应性气体含量较为完整的综合视图。

    RG-4   通过对现有和新兴测量技术的持续不断的监督,以及不断改进技术标准、操作规程,保持并提高反应性气体观测的质量和长期稳定性。

    RG-5   扩展 GAW 反应气体计划的目标物种类,包括与全球生物地球化学循环相关的其他物质(例如氮或硫循环),以及那些提高我们对对流层臭氧化学理解能力的重要物质。在 GAW RG 内使用新测量技术的必要条件取决于适合的测量技术和校准方法的可用性。

    RG-6   与气溶胶、大气总沉降和应用等科学顾问组合作,针对诸如氮循环、空气污染对农业和自然生态系统的影响等巨大的全球挑战,以及短寿命气候强迫因子对区域天气和气候的作用等进行综合分析。

    RG-7   通过建立大气成分和预报应用(如 CAMS),并与全球和区域评估活动(例如对流层臭氧评估报告(TOAR)、空气污染半球输送特别工作组(TFHTAP)以及其他 WMO 计划（例如农业气象学或 WWRP）)合作,增强对 GAW RG 观测资料的利用。

5.1.3 太阳紫外辐射科学顾问组（SAG UV）

GAW 的辐射部分将其工作重点集中在紫外辐射方面,而 WMO 专项计划则涉及太阳辐射的其他方面（如,辐射测量是 WMO 仪器和观测方法委员会（CIMO）的一部分）。太阳紫外辐射科学顾问组（SAG UV）的目标是研究来自于云层和类型、地球反射率（反照率）、气溶胶和臭氧等变化所引起的紫外辐射的时空和气候学的变化。由于紫外辐射与健康问题、生态系统影响和物质损害等有关,因此,许多用户群体对这些变化的量化感兴趣。

具体内容包括：

UV-1 鼓励开展紫外辐射的长期观测,并对包括由于全球变化、突发事件和平流层臭氧变化等所产生变化的参数进行观测。

UV-2 推进建立新的观测站点,特别是在数据稀少或尚未开展观测的地区。

UV-3 鼓励在加拿大多伦多的 WOUDC 对紫外辐射数据进行存档,并与其他数据库兼容,以确保综合数据产品的提交。

UV-4 通过制作文档来帮助实现质量保证/质量控制的要求,指导世界紫外辐射校准中心的联系,鼓励卫星数据的验证,促进比对和建立新的区域校准中心,从而提高数据质量。

UV-5 加强与其他科学社团、国际计划和科学顾问组的联系。

UV-6 为大气、健康和生态系统研究提供环境数据。

UV-7 鼓励在公共信息中使用紫外辐射指数。

UV-8 关注现有仪器的改进和新设备的研发。

5.1.4 气溶胶科学顾问组（SAG AER）

气溶胶科学顾问组（SAG AER）的目标是在 GAW 中实施气溶胶观测程序,以确定与气候强迫和空气质量相关的气溶胶特性在几十年时间尺度以及区域、半球和全球空间尺度上的时空分布。

具体内容包括：

AER-1 协调并确保 GAW 网络以适当的质量水平运行气溶胶观测程序,GAW 第 153 号报告中所列气溶胶变量能响应用户的需求。

AER-2 推进建立新的观测站点,特别是在数据稀少或尚未开展观测的地区,并根据附录 B 指导观测站的分类。

AER-3 通过制作文档来帮助实现质量保证/质量控制的要求,鼓励台站参加计划并在世界气溶胶校准中心进行校准,促进比对实践活动和建立新的区域校准中心。

AER-4 推进位于挪威 NILU 的世界气溶胶数据中心的活动,实施 GAW/WDCA 数据管理计划的应用程序。

AER-5 按照 WIGOS 的政策,特别是对元数据文档的政策,指导 WDCA 为用户组提供对所有数据的免费和开放访问,并补充访问创新和成熟的数据产品,以及 QA、数据分析与研究工具等。

AER-6 鼓励向 GAW WDCA 提交气溶胶观测数据,并推进 WDCA 向数据提供者提供服务的活动,包括数据管理培训。

AER-7 推进近实时 GAW 气溶胶数据的提供,以响应用户对气候/化学模式性能再分析评估的需求。

AER-8 与 GAWTEC 和 GAW 网络合作,组织和实施气溶胶观测的培训计划。

AER-9 更好地促进全世界区域网络的协调,对没有区域观测网的促成其建立。特别是,保持和发展 GALION 网络的活动,并按照 GAW 第 207 号报告的建议,推进近地面观测国际网络的建立。

AER-10 加强与其他科学社团、国际计划和科学顾问组的联系。

AER-11 加强和推进针对全球挑战的空气质量预报和气候预测方面等的应用。

5.1.5 臭氧科学顾问组(SAG O$_3$)

臭氧科学顾问组(SAG O$_3$)的职能是使 WMO 和 GAW 了解世界范围内的社团在研究大气臭氧对天气、气候变化和臭氧消耗方面的发展和需求。由于社团是由数据生产者和用户组成的,因此,这个科学顾问组在社团成员和 WMO 之间起着"通道"的作用,以便在适合 WMO 任务时对观测计划给予一定的支持。

具体内容包括:

O3-1 密切关注与大气臭氧有关的科学和技术活动及发展情况。根据用户要求,向 EPAC SSC 和 WMO 秘书处通报并提供有关该领域的进展、优先领域和发展建议。

O3-2 按照 GAW 实施计划的规定,实施与臭氧相关的建议、任务和项目。

O3-3 在 GAW 体系下,定期审查臭氧监测网络和校准中心的运行状况,并就进一步提高观测能力提出建议,以确保全球覆盖率、观测站点的长期连续运行、数据质量和数据实时可用。

O3-4 监控区域臭氧校准中心的测量活动,并促进和协助台站仪器参加比对活动。

O3-5 监督并提出向 WOUDC 提交臭氧数据的建议。

O3-6 对现有大气臭氧监测仪器改进和开发的新方法进行审查,包括处理算法,并在必要时组成工作组解决具体问题。

O3-7 在 GAW 体系下,对仪器和数据处理与提交、仪器运行的标准操作规程进行完善和修订。

O3-8 促进台站之间的协同观测以及与其他相关监测网络和卫星社团合作。

O3-9 支持地基、星基和飞机观测以及模式模拟,以获得有关大气臭氧的最佳信息。

O3-10 评估社团需求并促进针对 WMO 数据中心不同应用领域的产品和服务的开发。

5.1.6 温室气体科学顾问组(SAG GHG)

温室气体科学顾问组(SAG GHG)的目标是确保观测网络的协调,该网络提供长寿命(LL)温室气体和相关示踪物趋势和空间分布的长期"气候质量"数据。数据用于计算自工业化以前时代以来辐射强迫的变化,以限制 LLGHG 在全球到区域空间尺度上排放和损失的平衡,并对自下而上的排放清单和过程模式进行验证。

具体内容包括:

GHG-1 向 EPAC SSC 和 WMO 秘书处提出温室气体在气候系统和碳循环研究中作用的建议。指导 GAW 在这一研究领域活动的发展，特别是评估温室气体研究在支持 GFCS 方面的作用。

GHG-2 通过使用中心标校实验室保持的通用标准尺度，参加标准和样品的比对（例如，世界标校中心组织的标准气体国际比对和观测站点督查），并遵循 LLGHG 测量社团在两年一次会议上推荐的做法，以确保合作伙伴提供的数据之间具有必要的内部一致性（兼容性）。

GHG-3 鼓励 GAW 参与者遵守数据管理策略，提供必要的、标准的基础元数据，并促进世界温室气体数据中心的年度更新。

GHG-4 扩展 LLGHG 地表和垂直廓线的定点测量网络，特别是在数据缺乏的热带地区、气候敏感的北极区域，以及其他用观测来核查减排条约符合性的地区。

GHG-5 对短时、低精度且受偏差影响的卫星辐射测量对温室气体分布反演结果进行辅助性评估。

GHG-6 支持改进的大气传输模式的开发，从 GAW 测量中进行通量计算，并对 SF_6 和 ^{222}Rn 等传输示踪物的空间分布进行系统和兼容的测量。

GHG-7 与伙伴组织和社团（包括海洋、生物圈和城市社团）合作，协助建立全球温室气体综合信息系统（IG^3IS）。

GHG-8 激励面向用户的产品和服务的开发。支持拓展活动，特别是协助年度温室气体公报的编制和出版。

5.1.7 近实时应用科学顾问组（SAG-Apps）

近实时应用科学顾问组（SAG-Apps）的主要目标是开发与大气成分相关的模式产品和服务组合产品，更为具体地展示近实时化学观测数据交换对监测和预报应用的有用性。构建 SAG-Apps 的根本原因是基于 WMO 为气象机构提供建议和支持的战略，以便将其常规天气预报服务和产品扩展到包括大气环境方面的服务。发展愿景是开发一系列示范项目（如概念设计、认可计划、激励社团发展等项目）将为加速此类服务的实现和扩展提供必要的推动力。这些发展不仅有利于近实时资料的应用，而且还为目前正在 TFHTAP 体系下，以及卫生（如 WHO）、农业/植被（如远程跨境空气污染公约（CLRTAP））和气候社团（如化学气候模式倡议（CCMI））等伙伴组织所开展的评估活动提供更为密切的联系。

具体内容包括：

Apps-1 履行近实时应用科学顾问组（SAG-Apps）职责并制定其活动计划，特别注意与其他科学顾问组间的密切互动。活动将遵循以下几方面：1）评估需求；2）改善排放需求；3）NRT 建模问题；4）观测数据问题；5）科学领域在能力提升中的受益；6）服务拓展。

Apps-2 解决在大于城市尺度上传输的近实时数据的应用问题，包括为局地模式开发边界条件；模式改进和开发与沙尘、火山灰、生物质燃烧和健康应用等有关的服务。

Apps-3 与 WIS/WIGOS 密切合作，审查数据系统，以确保提供服务的可能性。

Apps-4 通过更好的大气成分代表性来改善 NWP，这需要与 WGNE 保持联络。

Apps-5 基于数据同化，促进世界范围内从区域到地方空气质量应用的"现实"边界条件的吸收,以证明这些边界条件在实施当地空气质量预报应用中产生了数量差异。这需要与 SAG GURME 保持联络。

Apps-6　向各自的社团提供有关大气成分观测同化技术的建议,以便更好地监测和预测大尺度的沙尘、火灾和火山爆发及它们的影响等。这需要与 SDS-WAS、IGAC 和全球排放清单活动(GEIA)、火山灰咨询中心(VAAC)等社团进行联络。

Apps-7　通过与世界卫生组织(WHO)、联合国环境规划署(UNEO)和其他组织的合作,进一步发展和支持大尺度的与健康和其他空气质量影响相关的服务,例如侧重于全球疾病负担和空气质量对农业影响的平台。

5.1.8　GAW 城市气象和环境研究科学顾问组(GURME SAG)

城市气象和环境研究科学顾问组(GURME SAG)将继续专注于模式开发和相关研究活动,以提高 NMHSs 在提供高质量城市环境预报和空气质量服务能力、阐明气象与空气质量之间联系的能力。为支持建立 WMO 综合城市服务计划和 SAG-Apps,GURME SAG 的重点目前集中在适用于描述城市环境的模式和应用,以及这些环境与区域和全球尺度的相互作用方面。GURME 的内部活动,将超越其在空气质量方面的经验和优势,拓展到具有更为广泛的协调性和便利性以公民健康为主要驱动力的城市环境综合预测项目。

具体内容包括:

GURME-1　解决提高预测能力、增加分辨率的研究障碍,尤其是在城市环境中通过对城市尺度预测和观测科学现状的评估协调,在存在差距的方面开展相关活动。

GURME-2　开展跨学科研究问题/议题活动,并要求更多社团来开发改进预报理念和工具,以解决尺度增加时复杂的城市环境问题;促进数据共享并建立试验平台。

GURME-3　鉴于建模的综合性特点,以及无缝隙预报和技术发展的科学趋势,积极参加 WMO 的 WWRP、GAW 的咨询和工作组,以及其他组织,以应对这一复杂和多学科的挑战。

GURME-4　虽然超大城市将继续受到特别关注,但其研究方向应涵盖城市环境的所有方向,这对于解决城市尺度模式更大的科学问题至关重要。

GURME-5　在区域和地方尺度界面上明确与 SAG-Apps 合作,并积极促进数据同化工作,重点是模式集成/耦合和尺度更加精细化。

GURME-6　继续鼓励与卫生社团合作,在需求评估、利益评估以及在城市环境中向社会传递最终服务等方面,将其作为主要合作伙伴。

GURME-7　通过其研究项目开展能力建设,确定在 GURME 计划各方向上造成差距的环节,并鼓励在其项目中开发和测试衍生服务。产品本身将采用预报、警报和预警和/或实时/近实时图形或数据库形式。

GURME-8　与 CBS 和/或个别运营中心建立更紧密的合作关系,在发布系统中对产品进行形式转换,以更好地满足大量或目标受众的需要。

5.1.9　世界数据中心专家团队(ET-WDC)

具体内容包括:

ET/WDC-1　负责元数据和数据管理问题,以支持 GAW 的科学目标和运行目标。

ET/WDC-2　与 SAG、WMO 专家团队和合作伙伴等合作,建立统一的数据管理指南,包括标准化的数据格式,以实现充分(无缝隙)的互操作。

ET/WDC-3　作为支持 GAW 观测设施和观测的中心目录,连接 WDC 和自愿参与站数据中心,指导并支持 GAWSIS 的进一步发展。

ET/WDC-4　及时了解并提出对 GAW 信息管理最有用的技术的建议。

5.2　GAW 设备服务中心

5.2.1　中心标校实验室 (CCLs)

WMO/GAW 的初级标准可以通过校准混合物或初级参考仪器或观测方法的形式来实现。

具体内容包括:

CCL-1　长期(数十年)保持 GAW 特定变量的初级标准和尺度。

CCL-2　满足 GAW 的其他质量保证设施和活动的需求。

CCL-3　应 GAW 网络成员要求准备或使用实验室标准来进行标校。

CCL-4　根据需要为 GAW 分析实验室提供经过良好校准的标准物质,以在适当情况下进行标准的比对(与世界或区域标校中心合作)。

5.2.2　质量保证/科学活动中心 (QA/SACs)

具体内容包括:

QA-1　为特定的变量和地理责任区域(世界、区域、国家)提供 GAW 质量保证活动和校准设施的运行框架。

QA-2　在其职责范围内协调 WCC 和 RCC 的活动。

QA-3　为各个 GAW 站点本地的 QA 系统提供建议和支持。

QA-4　在适当情况下,协调仪器的校准和比对以及其他测量活动。

QA-5　在 GAW 站点执行或监督定期的系统审查。

QA-6　为台站的科学家和技术人员提供培训、长期的技术帮助和研讨会。

QA-7　促进 GAW 数据的科学使用,鼓励和参加科学合作。

5.2.3　世界和/或区域标校中心 (WCCs、RCCs)

具体内容包括:

W/RCC-1　协助成员国运行 GAW 台站,并将其观测结果溯源至 GAW 初级标准。

W/RCC-2　根据 SAG 的建议制定质量控制程序,为特定测量的质量保证提供支撑,并确保这些测量可溯源至对应的初级标准。

W/RCC-3　维持可溯源至初级标准的实验室和传递标准。

W/RCC-4　定期进行校准(在适当情况下),通过与已建立的 RCCs 合作,使用传递标准在 GAW 站点组织比对活动和绩效审计。

W/RCC-5　与 QA/SAC 合作,为台站提供培训和长期的技术帮助。

5.2.4　世界数据中心（WDCs）和自愿参与站数据中心（CDCs）

具体内容包括:

WDC-1　鉴于 GAW 具有全球协调职责,为观测数据提供足够的归档设施。

WDC-2　检查提交的数据是否具有必要的格式元素,以及元数据的完整性和可用性,并拒绝不符合正式标准的数据提交。

WDC-3　对提交的数据进行合理性和一致性检查,标记数据问题,并在必要时向数据提供者进行反馈。

WDC-4　根据 WIGOS 的发展提升 WDC 运营,特别关注对 NRT 数据服务日益增长的需求,不断提高对已知质量数据访问的便利性。

WDC-5　在 GAW 世界数据中心专家组（ET-GAW WDC）协助下达成数据档案互操作标准协议,此外,还包括对大气成分数据、元数据和产品提交和发布制定统一的指南和提供数据格式的支持。

WDC-6　支持并参与建立分布式数据管理系统,该系统包括用于发现和访问的中央元数据资源库的所有 WDCs、自愿参与站网络档案和 GAWSIS。

参考文献

Asmi A,CollaudCoen M,OgrenJA,et al,2013. Aerosol decadal trends-Part 2:In-situ aerosol particle number concentrations at GAW and ACTRIS stations[J]. *Atmospheric Chemistry and Physics*,13:895-916.

Buchmann B, KlausenJ, ZellwegerC, 2009. Traceability of long-term atmospheric composition observations across global monitoring networks[J]. *Chimia*,63:657-660.

Collaud Coen M, Andrews E, Asmi A, et al,2013. Aerosol decadal trends-Part 1: In-situ optical measurements at GAW and IMPROVE stations[J]. *Atmospheric Chemistry and Physics*,13:869-894.

Cooper O R,Parrish D D,Ziemke J,et al,2014. Global distribution and trends of tropospheric ozone:An observation-based review[J]. *Elementa Science Anthropocene*2:000029, doi:10. 12952/journal. elementa. 000029.

Duce R A,et al,2008. Impacts of atmospheric anthropogenic nitrogen on the open ocean[J]. *Science*,320:893-897.

Gilge,et al,2010. Ozone,carbon monoxide and nitrogen oxides time series at four alpine GAW mountain stations in central Europe[J]. *Atmospheric Chemistry and Physics*,doi:10. 5194/acp-10-5859-2010.

Kim T W,Lee K,Duce R A,et al,2014. Impact of atmospheric nitrogen depositionon phytoplankton productivity in the South China Sea[J]. *Geophysical Research Letters*,doi:10. 1002/2014GL059665.

Klausen J,Zellweger C,Buchmann B,et al,2003. Uncertainty and bias of surface ozone measurements at selected Global Atmosphere Watch sites[J]. *Journal of Geophysical Research-Atmospheres*,108:4622,doi:4610. 1029/2003JD003710.

Laj P,Klausen J,Bilde M,et al,2009. Measuring atmospheric composition change[J]. *Atmospheric Environment*,43:5351-5414,doi:10. 1016/j. atmosenv. 2009. 08. 020.

Logan,et al,2012. Classification and investigation of Asian aerosol absorptive properties[J]. *Atmospheric Chemistry and Physics*,13(4):2253-2265. doi:10. 5194/acp-13-2253-2013.

Mannschreck,et al,2004. Assessment of the NO-NO$_2$-O$_3$ photostationary state applicability on long-term measurements at the GAW global station Hohenpeissenberg, Germany[J]. *Atmospheric Chemistry and Physics Discussions*,4(2):2003-2036,doi:10. 5194/acpd-4-2003-2004.

Novelli P C,Masarie K A,Lang P M,et al,2003. Re-analysis of tropospheric CO trends:Effects of the 1997-1998 wild fires[J]. *Journal of Geophysical Research*,108(D15):4464,doi:10. 1029/2002JD003031.

Pappalardo G,Mona L,D'Amico G,et al,2013. Four-dimensional distribution of the 2010 Eyjafjallajökull volcanic cloud over Europe observed by EARLINET[J]. *Atmospheric Chemistry and Physics*,13:4429-4450,doi:10. 5194/acp-13-4429-2013

Parrish,et al, 2013. Lower tropospheric ozone at northern midlatitudes: Changing seasonal cycle [J]. *Geophysical Research Letters*,40(8):1631-1636,doi:10. 1002/grl. 50303.

Parrish,et al, 2014. Long-term changes in lower tropospheric baseline ozone concentrations: Comparing chemistry-climate models and observations at northern midlatitudes [J]. *Journal of Geophysical Research:Atmospheres*,119(9):5719-5736,doi:10. 1002/2013jd021435.

Petzold, et al, 2013. Recommendations for reporting "black carbon" measurements[J]. *Journal of Geophysical Research*; *Atmospheres*, 13: 8365-8379, doi: 10. 5194/acp-13-8365-2013.

Saide, et al, 2015. Revealing important nocturnal and day-to-day variations in fire smoke emissions through a multiplatform inversion[J]. *Geophysical Research Letters*, 42(9): 3609-3618, doi: 10. 1002/2015gl063737.

Schultz M G, Akimoto H, Bottenheim J, et al, 2015. The Global Atmosphere Watch reactive gases measurement network[J]. *Elementa Science Anthropocene* 3: 000067, doi: 10. 12952/journal. elementa. 000067.

Thompson R L, Ishijima K, Saikawa E, et al, 2014. TransCom N_2O model inter-comparison-Part 2: Atmospheric inversion estimates of N_2O emissions[J]. *Atmospheric Chemistry and Physics*, 14: 6177-6194, doi: 10. 5194/acp-14-6177-2014.

Zellweger C, Hüglin C, Klausen J, et al, 2009. Inter-comparison of four different carbon monoxide measurement techniques and evaluation of the long-term carbon monoxide time series of Jungfraujoch, 2009[J]. *Atmospheric Chemistry and Physics*, 9: 3491-3503, doi: 10. 5194/acp-9-3491-2009.

Wesely M L, Hicks B B, 2000. A review of the current status of knowledge on dry deposition[J]. *Atmospheric Environment*, 34(12-14): 2261-2282.

Vet R, Artz R S, Carou S, et al, 2014. A global assessment of precipitation chemistry and deposition of sulfur, nitrogen, sea salt, basecations, organic acids, acidity and pH, and phosphorus[J]. *Atmospheric Environment*, 93: 3-100.

附录 A 大气成分相关的应用和服务

气候变化：人们认识到，大气成分的变化会改变大气辐射平衡并引起气候变化。对辐射强迫的理解，需要对气候强迫因子及其与辐射相互作用的过程进行全球观测。GAW 在观测反应性气体、温室气体、臭氧和气溶胶趋势方面发挥的作用，已经并将继续有助于描述这些成分对地球辐射平衡的影响。需要进一步努力的是，提高气溶胶对气候影响的认识，以减少对全球或区域辐射强迫评估的不确定性。改进的辐射强迫评估，将有助于与气候变化有关的服务。通常用观测来评估气候模式的技巧（过去几十年），这是在将这些模式用于未来预测和作为未来气候服务应用基础之前所必须的验证步骤。为帮助成员国就气候因素减排进行谈判和支持国家的自主贡献（NDCs），需要对关键温室气体的地面通量特征和特定的相关排放措施的变化进行研究。GAW 将主导全球温室气体综合信息系统（IG^{3}IS）开发，该系统旨在为成员国提供此类服务。IG^{3}IS 还可对实际不同的变化进行评估，例如，土地利用变化减缓进入大气的碳量增速。

在不断变化的气候中，水汽影响也是 GAW 将考虑的一个不确定领域。目前，气候变化减缓战略考虑的是短寿命的气候因素（气溶胶、某些反应性气体），因此，现在对它们的物理、辐射和化学特性的描述是必不可少的。GAW 将通过改进观测网络和支持模式项目来支撑和进一步发展气候相关服务。在不断变化的气候条件下，GAW 还将提供高质量的数据和产品，以提高我们对空气质量的理解，并将考虑对未来气候（与 WCRP 特别相关的）进行更高质量的预测。GAW 开发的气候服务也将支持 GFCS 的实施。

城市服务（空气质量和健康）：目前，全球有 54% 的人口居住在城市，到 2017 年，预计欠发达国家有一半以上的人口将居住在城市。在安全和社会经济影响方面，城市环境将处于最易受天气影响的灾难性事件之中，从洪水和空气污染到暴风雨和恶劣天气。城市尺度的综合预报系统，有可能帮助城市中心建立快速恢复能力，并为各种天气和环境条件提供早期预警系统。GAW/GURME 在开发与气象、大气成分、水文和气候过程等紧密耦合的城市尺度模式系统方面发挥着重要作用。通过 IG^{3}IS 的城市组成部分，将增强城市服务的能源效率组成。虽然 GURME 对城市健康问题特别感兴趣，但可以设想用于实时预报的城市系统正在兴起。除了与 WWRP 协调外，GURME 还将推进提高对城市过程及其预测的理解和建模的示范项目。随着城市系统的发展，GURME 将通过与他人合作来确定能够支持评估并最终在这些尺度上进行同化的观测系统。通过与相关社团，尤其是与世界卫生组织的合作，对于减缓和适应政策实施相关的信息提供取得实质进展是至关重要的。GAW 将继续支持空气污染和相关服务，包括环境预报，并通过与世界卫生组织和其他实体合作来扩展其工作力度，以支持特大城市和大城市群与健康有关的服务。GAW 社团将致力于观测系统（包括新兴测量技术与健康相关的新示踪物的测量）和建模工具的发展，可供卫生部门用于大气成分变化对人类影响的评估。GAW 还将通过与世界卫生组织的联合活动，为确定更为全面的健康影响指标而继续努力。

生态系统服务：自然生态系统既是大气化合物的源，也是大气化合物的汇。除碳循环相关研究外，在从事大气成分和生态系统研究的社团之间已经建立了一些联系。GAW 将巩固关于沉降、痕量成分的环境水平以及辐射和气象参数对生态系统的影响和反馈过程知识的研究。其中一项潜在的服务就是设法解决氮循环问题。

粮食安全：GAW 需要强化大气成分研究与农业研究之间的联系，例如调查大气成分（及其不同的循环）的沉降对生物圈健康的影响，以及挥发性碳氢化合物的排放或干沉降过程的效率对大气化学成分的影响。GAW 还认识到大气成分的变化与农业（例如，化肥的使用是 N_2O 排放增加的主要原因，N_2O 是温室气体而且会对平流层的臭氧产生威胁）之间有着许多双向联系。将农业和大气成分联系起来，可以作为生物循环服务的基础。特别是在 GF-CS 的粮食安全重点背景下，农业气象学和 GAW 活动间的联合活动将进一步增强。

公约和条约：如同蒙特利尔议定书及其修正案一样，《远程跨境空气污染公约》和《联合国气候变化框架公约》（UNFCCC 经由 GCOS）要求在全球和区域尺度范围内对不同大气成分进行长期观测。只有长期观测才能证实环境公约和议定书所采取的行动的有效性。同化/再分析产品对于全面了解所实施措施的变化和效率非常重要。通过支持成员国继续开展观测和记录大气状况，GAW 将加强其与政策引导相关的活动。

附录 B　站点和站网的定义与运行

B.1　站点和自愿参与站网络要求

将观测站点指定为全球、区域、地方或移动观测站,可提供有关观测站位置的一些特征,同时表明在这些地点进行的测量项目具有一定代表性。

(1) 全球站要求

这些台站主要是在背景条件下开展 GAW 变量的观测,没有来自局地污染源的永久性的重大影响。除满足 GAW 区域站的要求外,全球站必须满足以下要求。

1) 在全面实施 GAW 质量保证体系的情况下,开展 GAW 六个重点区域中至少三个领域、且每个领域中至少两个变量的观测(专栏 B.1(A))。

2) 在国内具有强大的科学支撑计划,能够开展合适的数据分析和解释,如果可能,最好得到多个机构的支持。

　　a)台站应具有经认定的作为区域站的研究活动和/或科学成果(在过去 3 年内)的记录。

　　b)在台站开展的测量结果已进行了审核,或测量的质量已通过其他方法验证的证明文件。

　　c)来自至少三个重点领域中至少两个变量的数据,在测量后 1 年的数据提交期内,已向各自的世界数据中心提交了至少三年的数据。

3) 为增加 GAW 长期常规观测开展的增强试验研究,以及进行新的 GAW 方法的测试和开发等提供设备设施。

4) 如果某些 GAW 变量的测量偶尔受到局部污染的影响,则观测站应使用合适的数据过滤方法提取出背景浓度,并将经过滤的和未经过滤的时间序列数据提交给 WDC。此外,GAW-SIS 中的台站元数据,应对可能发现污染影响的条件进行描述,并给出所用过滤方法的描述。

(2) 区域站要求

应包括:

1) 对于测量变量而言,所选择的观测站的位置,应具有区域代表性,且通常不受显著的局地污染源的影响,或者至少来自特定风向的非污染空气的气流较为频繁。

2) 负责机构应保证至少在一个 GAW 重点领域(臭氧、气溶胶、温室气体、反应性气体、紫外线辐射、降水化学/总沉积)中对至少两个变量进行长期观测。建议在多于一个重点领域内解决多种应用的测量问题。

3）提供足够的电力、空调、通信和建筑设施，以维持长期观测，数据获取率①应超过90％（即＜10％的缺失数据）。

4）应有已知质量的现场气象观测（至少包括温度、湿度、气压、风速和风向等），这对于GAW变量的准确测定和解释是很有必要的。

5）技术人员应接受过操作台站设备的培训。

6）GAW 观测应具有已知的质量，遵循 GAW 质量保证的原则和程序，在合适情况下可关联到 GAW 的初级标准，并使用 GAW 推荐的测量方法②。

7）应具有台站日志（即可能对观测有影响的相关观测和活动的记录），可用于数据有效性检验。

8）每年必须至少向一个 GAW 世界数据中心提交一次数据和相关的元数据，第 N 年的数据应不迟于 $N+1$ 年末提交。必须按照 WIGOS 元数据标准及时向所负责的 WDC 和 GAWSIS 报告元数据的变化，包括仪器、可追溯性、观测程序等。

9）如果可行，数据应近实时地提交给指定的数据分发系统。

（3）移动站要求

移动站③是指使用移动平台（飞机、轮船、火车等）进行大气成分观测的台站。一般而言，站址要求不适用于此类观测。可以对 GAW 推荐的测量技术进行修订，以确保仪器在平台上的适应性。应遵循为其他类别的 GAW 台站建议的质量保证措施。目标是实现与固定平台的观测相兼容，以确保在全球分析和评估中使用移动站的数据。

（4）地方站要求

地方站越来越有兴趣开展与城市环境，以及受附近排放影响的其他地区（如生物质燃烧）相关的研究和支持服务。除站址要求外，GAW 的地方站应满足与区域站相同的要求。

专栏 B.1(A)　　GAW 推荐的测量变量

● 臭氧：

　　—— 臭氧柱总量；

　　—— 平流层和对流层上层的臭氧垂直廓线。

● 温室气体：

　　—— 二氧化碳 CO_2（包括 $\Delta^{14}C$，CO_2 中 $\delta^{13}C$ 和 $\delta^{18}O$、O_2/N_2 比等）；

　　—— 甲烷 CH_4（包括 CH_4 中 $\delta^{13}C$ 和 δD）；

　　—— 氧化亚氮 N_2O（包括同位素异数体）；

　　—— 卤代化合物和 SF_6。

● 反应性气体：

　　—— 地面和对流层臭氧；

---

① 数据获取率是指在给定观测频率的情况下，在一段时间内可能完成的观测总数。它指的是连续观测的分钟/小时数值和离散采样的月测量总数（例如瓶采样或遥感测量技术）。

② 最终目标是达到由 GAW 社团建立的 GAW 数据质量目标。

③ 从常规位置施放的气象气球的观测，不被视为移动站。

—— 一氧化碳（CO）；

—— 挥发性有机物（VOCs），包括乙烷、丙烷、乙炔、异戊二烯、甲醛、萜烯、氯化甲烷、甲醇、乙醇、丙酮、二甲基硫、苯、甲苯、异丁烷和正丁烷、异戊烷和正戊烷等；

—— 氮氧化物（NO_x、NO 和 NO_2）；

—— 二氧化硫（SO_2）；

—— 分子氢（H_2）。

● 大气总沉降[①]：

—— 湿沉降的 pH 值；

—— 湿沉降的电导率；

—— 湿沉降的碱度；

—— 湿沉降的化学成分（Cl^-、NO_3^-、SO_4^{2-}、NH_4^+、Na^+、K^+、Ca^{2+}、Mg^{2+}、有机酸、NO_2^-、F^-、PO_4^{3-}）。

● 紫外辐射

● 气溶胶：

—— 多波长气溶胶光学厚度；

—— 两个尺度分级的质量浓度（细模分级和粗模分级）；

—— 两个尺度分级的主要化学成分的质量浓度；

—— 各种波长的光吸收系数；

—— 各种波长的光散射和半球后向散射系数；

—— 气溶胶数浓度；

—— 气溶胶数谱分布；

—— 各种过饱和度的云凝结核数浓度；

—— 精细尺度分级的化学成分；

—— 气溶胶变量对相对湿度的依赖性，尤其是气溶胶数谱分布和光散射系数。

（5）自愿参与站和网络

自愿参与站是自愿参与站网络的一部分。为了被认可为自愿参与站网络，该网络应与 GAW 签署协议（参见专栏 B.1(B)中的 GAW 自愿参与站网络列表）。除直接可追溯到 WMO 标准（区域站要求中第 6 点）和向 WMO 数据中心提交数据（区域站要求中第 8 点）外，自愿参与站必须满足区域、全球、地方或移动站的要求。自愿参与站必须按照自愿参与站网络的协议进行运营，它们必须具有网络内部的可追溯性，当存在尺度或标准差异时，应参与比对并构建与 WMO 标准或尺度相兼容的网络协议。网络的质量保证原则应与 GAW 的质量保证原则协调一致。自愿参与站必须通过自愿参与站网络数据中心共享其数据，并鼓励它们与未来的联合 GAW 数据管理基础设施之间实现完全的互操作。至少，要求通过 GAWSIS 提供元数据。

---

① "总沉降"这里定义为湿沉降和干沉降的总和。由于对高度复杂的方法和仪器的要求，很难直接进行干沉降测量（Wesely 和 Hicks，2000）。目前最好的估算干沉降的方法是通过推理技术，包括测量气体和颗粒的环境浓度，并将它们乘以用模式导出的干沉降速度（Vet et al.，2014）。

专栏 B. 1(B) GAW 计划的自愿参与站网络列表(2016 年 12 月)

—— 碳柱总量观测网(TCCON,https://tccon-wiki. caltech. edu/和 www. tccon. caltech. edu);

—— 欧洲气溶胶研究激光雷达观测网(EARLINET,www. earlinet. org);

—— 美国跨部门可视环境保护监测计划(IMPROVE,http://vista. cira. colostate. edu/improve/);

—— 亚洲沙尘和气溶胶激光雷达观测网(AD-Net,http://www-lidar. nies. go. jp/AD-Net/);

—— 拉丁美洲激光雷达观测网(LALINE,http://www. lalinet. org);

—— 美国国家大气沉降计划(NADP,http://nadp. sws. uiuc. edu/NADP/);

—— IDAF(IGAC / DEBITS AFRICA)项目;

—— 美国宇航局微脉冲激光雷达观测网(MPLNET,http://mplnet. gsfc. nasa. gov/);

—— 清洁空气状况与趋势网(CASTNET,http://www. epa. gov/castnet);

—— 欧洲研究基础设施全球观测现役航天器 IAGOS(用于全球观测系统的现役飞机,www. iagos. org)。

B. 2 获取或更改 GAW 站点状态的程序

如果一组台站一起注册加入 GAW 计划,虽然可以在总体介绍中收集它们的共同特征,但每个台站都应完成加入 GAW 计划的申请。自愿参与站网络应与 GAW 协商一致,在签署协议时应包含一份台站附录,列出将包含在 GAW 网络中的所有台站及其特征和观测项目。这些数据也应以电子版形式提交,并包含在 GAWSIS 系统中。来自于自愿参与站网络的站点,如果能够证明它们符合 GAW 的质量保证原则,并且可以将自身的标校溯源到 GAW 的主要标准,那么,它们可以注册为 GAW 的区域站、全球站或地方站点。

要成为 GAW 的台站或更改台站的状态,应执行以下步骤:

1) 在申请之前,应研究 GAW 台站的基本要求,以确保台站属于其中的一种类型。可以在申请书中建议台站的类型,但最终决定取决于台站所能达到的要求。

2) 台站应在 GAW 台站信息系统(GAWSIS)(http://gawsis. meteoswiss. ch)中注册台站和变量的全部元数据。注册过程有助于申请书的创建。

3) 应准备一份描述台站一般特征、测量计划以及加入 GAW 协调观测和研究动机的申请书。申请书还应详细说明台站是如何达到 GAW 台站要求的。由台站负责人签署的申请书应(以电子方式或邮寄方式)发送给 GAW 计划的主管。要更新已注册的站点的状态,也需要一个类似的申请书。

4) 由各个 SAG(s)对特定参数的测量进行评估。除了区域、地方或移动台站正常的审核流程外,EPAC SSC 还将审核全球站的申请。还将对全球站的数据提交历史和各自的 WDC 数据质量进行评估。除非需要进一步的说明,否则应在收到申请之日起一个月内做出决定。

5）一旦 WMO 秘书处发出确认接受的通知，GAWSIS 中的台站状态将得到更新，台站也将对公众开放。

6）如果在提交申请一年以前就已开始进行了测量，并且满足 GAW 计划要求，那么早期的数据也应该提交给相应的世界数据中心。从确认台站状态开始，数据和元数据应在到期之前进行提交（台站要求中的第 8 点要求）。

SAGs 和其他专家组将不时地对数据质量和数据提交进行审查。如果发现与上述规则存在明显差异，则可以启动一个完全取消注册为 GAW 站的程序（如果曾经没有提交高质量数据）。在启动此类程序之前，秘书处会与注册站点的 PI 进行沟通来寻求澄清。

B.3　GAWSIS 中与 GAW 站点状态相关的程序

以下程序适用于 GAWSIS 中站点的状态：

1）应用程序每月启动一次，对站点在过去 27 个月内测量的所有变量进行检索。

2）应用程序会对上述时间段内测量的不同变量①的组数进行统计。

3）GAW 全球站的状态设置如下：

—— 运行（Operational）：在 27 个月内，台站已经向世界数据中心提交了至少三组变量的数据（数据可用）；

—— 部分运行（Partly operational）：在 27 个月内，台站已经向世界数据中心提交的数据不足三组变量；

—— 未报告（Non-reporting）：未达到"运行"或"部分运行"要求的台站将被标注为"未报告"；

—— 台站负责人可以声明台站"关闭（Closed）"。如果台站开始提交数据了，则这种状态可以改写为"运行"或"部分运行"。"关闭"的台站不能被标注为"未报告"。

4）所有的 GAW 台站都可以使用"关闭""运行"（在 27 个月内提交至少一组变量的数据）、"未报告"。

经与 GAW 国家联络人协商后，自 2012 年 1 月起，在 GAWSIS 注册的台站信息中，测量项目列表和向其中一个被公认的数据中心提交任何数据记录的归档信息不会在 GAWSIS 中显示。

当台站的状态变为"未报告"时，程序会创建一个标签，并会向台站联络人和 GAW 国家联络人发送一封邮件，通知他们台站的状态。邮件副本将发送给 WMO 秘书处。台站状态将会被定期检查，并在数据提交时重新被激活。

在之前版本的 GAWSIS 中（2016 年 5 月之前），被列为"间歇（intermittent）"的所有台站都被设置为"报告"。根据数据提交记录，被列为"未知"并具有测量项目列表的所有台站都被设置为"报告"或"未报告"。

---

① 参见专栏 B.1(A)中所列的 GAW 变量。

附录 C 质量保证要素和程序

C.1 GAW 质量保证原则

GAW 质量保证体系的原则适用于每个测量变量并包含以下方面：

1）全面支持 GCOS 气候监测原则[①]；

2）网络范围内仅使用一个参考标准或尺度（初级标准）。因此，只有一个机构负责该标准；

3）由全球、区域和当地 GAW 台站进行的所有测量以及自愿参与站网络所建立的网络标准，完全可溯源至初级标准；

4）数据质量目标的定义（DQOs）；

5）制定关于如何达到这些质量目标的指南，如统一测量技术、发布测量指南（MG）和标准操作规程（SOP），并在台站实施；

6）对每个参数使用详细的日志，其中包含与测量、维护和"内部"校准相关的全面的元数据信息；

7）定期的独立评估（系统和绩效审计）；

8）及时向负责的世界数据中心或自愿参与站网络数据中心提交数据和相关元数据，作为允许更多的社团对数据进行独立评估的手段；

9）对 GAW 数据档案中的数据进行定期统计和科学分析，以确保归档测量数据的正确性、长期一致性和可比性。

C.2 GAW 设备服务中心

表 C.1 GAW 设备服务中心(下划线代表已达成协议的设备服务中心)

变量	质量保证/科学活动中心	中心标校实验室	世界标校中心	区域标校中心	世界数据中心
二氧化碳(CO_2)	JMA[#]（亚洲、西南太平洋）	NOAA-ESRL	NOAA-ESRL（巡检比对）EMPA（审计）		JMA[#]
CO_2 同位素		MPI-BGC			JMA[#]

---

① https://www.wmo.int/pages/prog/gcos/documents/GCOS_Climate_Monitoring_Principles.pdf。

续表

变量	质量保证/科学活动中心	中心标校实验室	世界标校中心	区域标校中心	世界数据中心
甲烷(CH_4)	EMPA(美洲、欧洲、非洲)JMA#(亚洲、西南太平洋)	NOAA-ESRL	Empa(美洲、欧洲、非洲)JMA#(亚洲、西南太平洋)		JMA#
氧化亚氮(N_2O)	UBA	NOAA-ESRL	KIT/IMK-IFU		JMA#
六氟化硫(SF_6)		NOAA-ESRL	KMA		JMA#
CFCs、HCFCs、HFCs					JMA#
地面臭氧	Empa	NIST	Empa	OCBA(南美洲)	NILU
一氧化碳(CO)	Empa	NOAA-ESRL	Empa		JMA#
挥发性有机物(VOCs)	UBA	NPL(乙烷、丙烷、正丁烷、正戊烷、乙炔、甲苯、苯、异戊二烯)NIST(单萜烯)	KIT/IMK-IFU		NILU
氮氧化物(NO_x)	UBA	NPL(NO)	FZJ(IEK-8)(NO)		NILU
二氧化硫(SO_2)					NILU
氢气(H_2)		MPI-BGC			JMA#
降水化学/湿沉降	NOAA-ARL(美洲)	ISWS	ISWS		NOAA-ARL
臭氧总量	JMA#(亚洲、西南太平洋)	NOAA-ESRL(Dobson 仪器)EC(Brewer 仪器)	NOAA-ESRL(Dobson 仪器)EC(Brewer 仪器)	Dobson 仪器:BoM(澳洲 & 大洋洲)NOAA-ESRL JMA#(亚洲)DWDMOHp(欧洲)CHMI-SOO-HK(欧洲)OCBA(南美洲)SAWS(非洲)Brewer 仪器:IARC-AEMET(欧洲)滤光仪器:MGO	EC(地基观测)DLR###(星基观测)

续表

变量	质量保证/科学活动中心	中心标校实验室	世界标校中心	区域标校中心	世界数据中心
臭氧廓线	FZJ(IEK-8)	FZJ(IEK-8)	FZJ(IEK-8)		EC
紫外辐射			PMOD/WRC	NOAA-ESRL（美洲）	EC
气溶胶物理特性	UBA		IfT		NILU（地基观测）DLR^{###}（星基观测）
气溶胶光学厚度		PMOD/WRC（精密滤光辐射计）	PMOD/WRC		NILU（地基观测）DLR^{###}（星基观测）
气溶胶化学特性					NILU
太阳辐射^{##}		PMOD/WRC	PMOD/WRC		MGO

[#]　JMA 与 WMO 之间文件的互换；

^{##}　所有设施均通过 EC 决议制定；

^{###}　协议已经过期。

BoM	澳大利亚墨尔本气象局(澳大利亚 RDCC 区域 Dobson 校准中心)
BSRN	地面辐射基准网络,瑞士苏黎世联邦理工学院
CHMI	捷克水文气象研究所
DLR	德国航空航天中心,韦斯灵,德国
DWD	德国气象局
EC	加拿大环境部,多伦多,安大略省,加拿大
EML	环境测量实验室,能源部,纽约市,纽约,美国
Empa	瑞士联邦材料测试与研究实验室,迪本多夫,瑞士
FZJ(IEK-8)	于利希能源与气候研究所;对流层(IEK-8),于利希,德国
IARC-AEMET	Izaña 大气研究中心-西班牙国家气象局
IfT	对流层研究所,莱比锡,德国
ISWS	伊利诺伊州水文调查局,尚佩恩,伊利诺伊州,美国
JMA	日本气象厅,东京,日本
KIT/IMK-IFU	卡尔斯鲁厄理工学院,气象气候与大气环境研究所,加米施-帕滕基兴,德国
KMA	韩国气象厅,首尔,韩国
MGO	沃耶伊科夫地球物理观象台,俄罗斯联邦水文气象和环境监测局,圣彼得堡,俄罗斯
MOHp	霍恩派森贝格观象台,德国
MPI-BGC	马克斯普朗克生物地球化学研究所,耶拿,德国
NILU	挪威空气研究所,谢勒,挪威

NIST	国家标准与技术研究所,盖瑟斯堡,马里兰,美国
NOAA-ARL	国家海洋和大气管理局,空气资源实验室,大学公园,马里兰,美国
NOAA-ESRL	国家海洋和大气管理局,地球系统研究实验室,全球观测处,博尔德,科罗拉多,美国
NPL	国家物理实验室,英国
OCBA	布宜诺斯艾利斯中央观测所,阿根廷
PMOD/WRC	达沃斯物理气象观测站/世界气象组织,达沃斯,瑞士
SAWS	南非气象局,比勒陀利来,南非
SOO-HK	太阳与臭氧天文台,赫拉德茨克拉洛夫,捷克共和国
UBA	德国联邦环境保护署,柏林,德国

C.3 确定 GAW 设备服务中心的程序

表 C.1 列出了截至 2016 年 1 月负责每个测量变量的设施和组织。在 GAW 计划中仍有许多变量还没有指派给配套的设备服务中心,GAW 欢迎感兴趣的组织提出申请。为 GAW 计划建立设备服务中心的机构需要向 GAW 秘书处提交申请,并应特别满足以下要求:

1) 根据各自的职责范围,确认具有运行设备服务中心的能力;

2) 对于开展分配给特定类型设备服务中心的相关活动,具有这方面长期的经验;

3) 具有可用的高水准实验室和设备,以及经过培训的专门负责完成必须工作和运行设备的人员;

4) 利用提供的模板向秘书处提交年度报告,报告内容为职责范围和相应协议中对设备服务中心类型的具体描述;

5) 如果应愿意参加与任务有关的国际计量局(BIPM)关键比对活动;

6) 其他相关信息(如与 GAW 站的联系,对 GAW 交换/结对程序的支持等)。

运营设备服务中心的组织,应尽量使他们对网络服务的成本最小化或尽可能提供免费服务,并应考虑到当前技术发展的状况,努力做到最好。

提交给 GAW 秘书处的申请,将由各自的 SAG 进行评估,他们将提出建议,EPAC SSC 将做出最后决定。对确定的设备服务中心来说,一般没有时间限制。

中心标校实验室(CCL)以及 GAW 计划中确定的世界(WCC)和区域校准中心(RCC),不一定由国家计量院等部门运营,这样可能无法自动获得由 BIPM 组织的关键比对资格。如果运营设备服务中心(例如 CCL 或 WCC)的机构,尚未获得由 BIPM 组织的关键比对资格,则应寻求提名方案。其中一个机制是通过 BIPM 与 WMO 之间已经存在的协议,与 BIPM 建立一个补充协议。协议由负责每个设备服务中心的机构签署,其中规定了各签约方的相互权利和义务。

附录 D　关键活动和责任概要

执行计划中的行动	相关行动	对成员的行动	对指导机构的行动（SSC 和 SAG）	对秘书处的行动
A-O-1.支持连续运行,开发测量程序,共享具有可靠记录的现有 GAW 台站数据		台站连续运行,拓展观测项目,确保数据提交到相关的数据中心	提升观测价值,支持成员调动持续观测所需的资源,为观测系统的工艺现状提供指导,鼓励不受限制的数据共享	延伸长期持续观测的价值,支持会员保护观测资源
A-O-2.进一步努力填补覆盖全球的地表观测空白,特别是在数据缺乏地区,如热带、气候和污染敏感区域,北极地区（与 WWRP 极地预测计划合作）。同时适应区域需求和寻求尽量减少限制（仪器和人力资源）的方式		根据应用需求,在数据稀疏区域建立新站点（可能是对多个系统的贡献）	评估观测系统的空白,评估 GAW 变量集,为潜在伙伴关系提供指导以填补观测系统的空白	就观测需求开展区域磋商;支持大气成分社团的交流论坛,包括组织主要合作伙伴代表定期开展 GAW 专题讨论会
A-O-3.研究和开发新兴测量技术和非常规测量方法,与 WMO 仪器和观测方法委员会（CIMO）协调这些观测在 GAW 中可能发挥的作用	A-QA-7 A-DM-7	在台站开发和测试新技术,在技术会议上展示相关成果,评估低成本传感器的作用	评估新测量方法的作用及其在 GAW 中不同应用的适用性	确保与 CIMO 协调,联合组织技术会议
A-O-4.努力扩大和加强与自愿参与站网络间伙伴关系的工作力度,通过制定声明和战略,在数据报告的流程、质量保证标准和元数据交换方面实现合作共赢		与国家层面的自愿参与站网络合作	评估包含自愿参与站网络的可能性及其对 GAW 要求的遵守情况,邀请关键的自愿参与站网络参加 SSC/SAG 会议,促进自愿参与站网络参加 GAW 的活动	确保自愿参与站网络管理人员参加 GAW 技术会议,支持秘书处和自愿参与站网络间定期的信息交流

续表

执行计划中的行动	相关行动	对成员的行动	对指导机构的行动(SSC和SAG)	对秘书处的行动
A-O-5. 跨空间尺度,特别是与空气质量相关的气体和气溶胶观测。这涉及与国家和区域环境保护机构的合作以及开发统一的元数据、数据交换和质量信息。在受附近排放源影响的地区建立地方观测站,便于加强研究和服务(例如城市环境)		GAW社团与环境机构和市政当局建立合作关系,共同开发适合半污染环境的测量技术,并建立与GAW推荐方法间的兼容机制	提升高质量观测作为城市社区参考的价值,为在半污染环境中建立观测的潜在合作伙伴提供建议,评估测量技术的适用性,协调发展建议	组织GAW社团与城市环境社团之间的会议和专家交流,确保建议被及时公布和宣传
A-O-6. 通过集成现有的和约定的地基、气球搭载、飞机、卫星和其他遥感观测,进一步将GAW发展成三维全球大气化学观测网络		建立遥感台站并按照GAW最佳方式进行飞机和气球观测,在GAW技术会议上分享经验,提供有关QA特性和测量技术适用性的反馈	征集飞机、气球和遥感平台对GAW的贡献,邀请潜在的主要贡献者参加SAG和/或SSC会议;在各自的测量指南中反映遥感/飞机观测的特性	积极参与关键飞机、气球和遥感的咨询/科学委员会;开展联合活动
A-O-7. 加强作为观测系统组成部分的卫星观测。与参与卫星运行的WMO成员合作,考虑到对大气成分变量观测的需求,并参考RRR过程中的用户要求,以最小的延迟共享观测数据		与国家级的卫星机构保持联络,利用卫星数据进行大气成分研究,支撑利用现场数据对卫星数据进行验证	分析卫星观测对GAW的潜在贡献,为任务计划、提高观测适用性要求和在GAW中的不同应用提出建议	与卫星机构保持联络,代表GAW参加CGMS、ACC和CEOS委员会,协调对相关会议的投入
A-O-8. 通过建立标准、最佳实践、经验分享和培训,支持近实时(NRT)数据传输和提高其准确性等技术能力的开发	A-DM-7	投资在线质量控制以及数据传输设备和软件	提出观测方法和质量控制工具建议,允许NRT数据提供GAW的变量,将NRT数据需求传达给大气成分仪器的生产者	确保及时公布建议,与已经开发出在线QA/QC技术的WMO观测社团保持联络,与大气成分仪器生产商保持联络
A-O-9. 通过实施WIGOS和RRR程序,发展全球大气成分观测系统,以支持WMO应用领域		根据指南表述的建议发展国家观测	支持RRR程序(从事需求工作,差距分析和发展以及指南表述的更新)	组织电话会议和需求任务组的面对面会议,确保及时更新OSCAR数据库

续表

执行计划中的行动	相关行动	对成员的行动	对指导机构的行动（SSC 和 SAG）	对秘书处的行动
A-O-10.作为跨领域活动，与其他计划合作，继续努力建立水汽观测和应用系统		在 GAW 台站实施水汽浓度测量并共享数据	评估全球水汽观测网络实施的可行性，建立此类观测的要求，建立和推广最佳测量实践，配套 QA 基础设施发展建议	协助建立水汽任务组，与 CIMO 协调组织水汽测量专家会议，在 GAW 台站推广最佳实践
A-QA-1.尽可能多地使 GAW 主要变量（见专栏 B.1(A)）的 DQO、测量方法和程序标准化		在测量方法开发和观测要求方面提供投入，以支持相关专家会议的不同应用	总结专家会议的建议，制定 DQO，就适用于支持不同应用的最佳测量方法提出建议	定期组织专家会议，审查 DQO 和最佳测量实践，确保及时公布会议报告/建议
A-QA-2.通过调整方法来提高测量质量，同时考虑仪器开发和校准的发展，改进反演算法以及更好地共享与仪器校准相关的元数据		整个社团：在台站实施 MG 和 SOPs，定期校准，改进元数据收集，参与比对活动设备服务中心：组织比对活动和审计，支持主要标准	通过与台站的直接交流，提出测量技术改进建议，评估中央设施的绩效，并就进一步开发 QA 系统提出建议	协助组织比对活动，在审计期间协助设备服务中心的后勤保障
A-QA-3.鼓励现有 GAW 设备服务中心持续运行和建立新中心	A-AQ-2 A-AQ-4 A-AQ-6	各国设备服务中心的持续运行，定期向秘书处报告已完成和计划的活动	推进设备服务中心的活动，评估设备服务中心绩效，并提出改进建议，评估对新的设备服务中心的需求和合作时机，包括 SAG 中设备服务中心的管理人员	设备服务中心报告的发布和宣传，确保设备服务中心的管理人员参加 GAW 的专家会议，确保设备服务中心在 GAW 网页上可见
A-QA-4.为仪器操作和校准制定统一指南。通过全面分析和所有单独测量的不确定度文件以及提供详细的元数据，来提高数据的价值和完整性		设备服务中心：有助于 MG 和 SOP 的发展整个社团：分析并记录测量的不确定度	协调制定测量指南和 SOP，包括对测量不确定度评估的建议	确保及时发布 MGs 和 SOPs，向社团进行宣传
A-QA-5.采用和使用国际公认的方法和词汇来量化测量的不确定度（ISO，1995；2003；2004）。为了促进通用术语的使用，开发了一个网上术语表，并定期更新		EMPA：基于网络的术语支撑。https://www.empa.ch/web/s503/gaw_glossary	SAG 更新术语表并进行制定不确定度评估指南	宣传有关不确定性计算的信息，确保工作链接到术语表，为 GAW 站操作人员组织关于不确定度计算的培训课程

续表

执行计划中的行动	相关行动	对成员的行动	对指导机构的行动（SSC 和 SAG）	对秘书处的行动
A-QA-6.继续支持仪器操作、维护和标校，特别是在发展中国家。仪器标校的连续性是 QA/QC 的一个重要方面，通过建立 WCC、RCC 以及鼓励按照标准化程序进行比对等，GAW 计划已做出了重要贡献。这些有助于提高数据质量，使来自不同站点和网络的数据均一化。标校成本是一项重大挑战，主要是在发展中国家，需要关注和创造性地解决问题	A-O-1	整个社团：在台站实施质量保证建议，更有经验的成员建立和支持结对计划设备服务中心；确保将发展中国家纳入比对活动，在活动和现场审计期间尽可能提供培训	确定 GAW 观测网络中 QA 最关键的问题，协助建立结对计划	与加拿大环境与气候变化部和联合国环境规划署合作筹集信托基金，与成员合作，激励为质量保证活动提供额外的资金
A-QA-7.协同使用不同仪器来填补数据空白，但始终确保数据系列的完全一致性。数据系列的完整性对于许多应用都非常重要，主要用于趋势的确定	A-O-3	通过同步观测来评估不同仪器之间的协同作用，通过模式对可能的集成方式进行研究	组织关于测量技术的专家会议，制定关于如何整合数据集的指南	协助专家会议和建议的组织
A-QA-8.制定和实施地基和星基遥感设备观测方法溯源到 WMO 初级标准的方法	制定和实施	对地基和卫星观测进行比对，开展遥感技术比较	指导社团进行必要的比对，包括在 SAG 会议上的相关讨论	邀请遥感社团参加 GAW 专家会议
A-DM-1.建立并使用联邦数据管理基础设施，包括 GAW 数据中心、自愿参与站网络数据中心和 GAWSIS，以实现可互操作的数据发现和访问机制		整个社团：向数据中心提交数据，确保提交所需的元数据；支持（财务和人员）数据中心工作，并在 IT 基础设施开发上进行投资 GAWSIS 团队：与 GAW 数据中心和自愿参与站网络数据中心的管理人员一起确保联邦数据管理的技术实施	鼓励及时提交数据，协助各国进行数据准备、评估和协助实施联邦数据管理战略，ET-WDC 与自愿参与站网络数据中心管理人员合作进行元数据和数据交换	及时向会员通报数据提交截止日期，组织世界数据中心专家团队会议以及元数据与数据管理专家会议

续表

执行计划中的行动	相关行动	对成员的行动	对指导机构的行动（SSC 和 SAG）	对秘书处的行动
A-DM-2. 改进对数据和综合元数据的开放访问，包括 GAW 主要变量的地基、飞机和卫星观测的标校历史		WDC 管理人员：改进 WDC 的功能 整个社团：正确记录有关测量的信息，并将其与数据一起提交给 WDC	审核元数据标准，制定理解数据所需的元数据的要求，并评估不同应用的适用性	确保元数据标准的发布/可用性
A-DM-3. 使 GAW 数据管理活动，特别是在元数据文档方面与 WIGOS 框架一致		采用并实施 WIGOS 有关元数据的建议	为各自的 WIGOS 活动和相关会议推荐 SAG/SSC 代表	确保 GAW 专家参与相关的 WIGOS 会议
A-DM-4. 开发并促进数据归档和分析中心的支持，以满足应用程序和服务交付的需求		世界数据中心：继续运行，争取国家对其运行的支持	评估世界数据中心的绩效，必要的更新建议，对所需数据产品的建议，激励出资机构支持数据中心	协助 GAW 数据的宣传和推广。 确保数据中心管理人员参与 GAW 技术会议
A-DM-5. 确保 WMO/GAW WDCs 收集和存档的数据与自愿参与站网络存档的数据质量已知，足以满足其预期用途且记录全面		数据中心：检查数据提交情况，如果关键信息缺失或提交不正确时，向社团反馈 整个社团：开发可以实现数据一致性检查的自动工具	评估 WDC 中数据提交的状态，开发和评估数据一致性检查工具，协助准备数据汇总和数据分析，推广 GAW 数据及其应用	通过向数据提供者传达对完整数据的需求，协助 WDC，SAG 和 SSC，在 WMO 和 GAW 出版物中推广 GAW 数据（例如公告）
A-DM-6. 利用 WMO GTS/WIS 促进与空气质量和预报相关变量的 NRT 交付，因为它是开放、分散和面向节点的结构。继续抓住机遇，扩大 GAW 变量的 NRT 交付服务		如果可能，NRT 提供 GAW 观测	制定 NRT 数据共享的最佳方案，并提出 NRT 数据要求	向 GAW 社团宣传 NRT 数据要求
A-DM-7. 开发数据提交和数据使用程序，并在 GAW 数据产品中加入不确定度，从而可以根据 RRR 流程规定的标准选择和使用数据		提交根据 GAW 指南计算的测量不确定度的数据	制定测量不确定度计算和报告指南	确保公布和宣传关于不确定度计算的指南，包括 GAW 专家会议中不确定度估计的主题

续表

执行计划中的行动	相关行动	对成员的行动	对指导机构的行动(SSC 和 SAG)	对秘书处的行动
A-DM-8.继续尽最大努力对GAW数据集全程式采用数字对象标识符(doi),以便在科学分析和报告中正确识别数据贡献者,并且还可以更好地监控实际数据的使用情况		确保提交到数据中心的数据集接收 doi	为 GAW 数据集建立doi 提供建议	在 GAW 社团中推广使用 doi
A-M-1.考虑到全球/区域和当地的需求,开发模式产品与服务的组合产品	A-M-5 A-M-6 A-M-7 A-M-8	参与模式活动或与国内外的模式团队建立联系	SAG-Apps 与其他 SAG和 SSC 合作,共同评估模式产品和服务的需求;确保 GAW 社团与更广泛的大气化学模式社团之间的合作,建立并促进模式社团参与 GAW,确保向成员提供有用的产品	组织区域磋商,评估大气成分相关模式产品和服务的需求;确保成员了解已有可用的产品和服务
A-M-2.与 WWRP、WCRP、WGNE 等联合进行模式专业知识交流和模式开发工作。应特别强调的是改进与大气传输和化学天气/空气质量相关的模式能力(通过与 ICAP、Aerocom 和其他计划的合作)		与天气研究社团和国际建模计划合作启动传输过程描述的改进,将传输模式的这些优势包含在化学天气模式系统中	对建模社团提出模式改进的需求,启动模式比对活动	支持 GAW 社团的专家参与建模专家会议,与使用大气传输模式的其他社团联系,共同支持模式产品改进相关的活动和受益
A-M-3.与 WWRP、WCRP、WGNE 和国际大气化学社团联合,共同开发关于化学成分模式和产品的通用技术标准,用于评估和通用的验证方法		利用模式验证的最佳实践,建立和推广高质量的标准数据集	协调 GAW 模式社团与 WWRP、WCRP、WGNE 的工作;提名代表参加其他项目和从事验证工作相应的工作组;研发和推广最佳做法	确保 GAW 代表参加关于验证专家会议
A-M-4.与 WWRP、WCRP、WGNE 等联合,共同开发跨主题领域的模式结果和观测资料的集成方法,以及观测与模式开发的集成方法,包括模型评估、数据同化和来源归因		利用模式验证的最佳实践,建立和推广高质量的标准数据集	协调 GAW 模式社团与 WWRP、WCRP、WGNE 的工作;提名代表参加其他项目和从事验证工作相应的工作组;研发和推广最佳做法	确保 GAW 代表参加关于验证的专家会议

续表

执行计划中的行动	相关行动	对成员的行动	对指导机构的行动（SSC 和 SAG）	对秘书处的行动
A-M-5. 与 WWRP（S2S 和高影响天气计划）、CAgM、WCRP、WGNE、IGAC 和跨学科生物质燃烧倡议（IBBI）合作，开展旨在改进烟雾预报和提供数据以验证预报准确性的研究		支持和开发生物质燃烧预报模式系统，与国家层面的相关机构合作	指导 BB 预报系统的开发，确保相关 SAG、其他 WMO 计划和国际计划的参与	通过组织电话会议和专家会议，协助协调 BB 预报活动，确保 WMO 内部的协调
A-M-6. 与 WWRP、CAeM、CAgM、WGNE 和其他相关组织合作，开展旨在改进沙尘暴预报系统和提供数据以验证预报准确性的研究		支持和开发沙尘暴预报模式系统，与国家层面的相关机构合作，支持国家 SDS 中心和区域中心节点；执行 SDS 计划	指导 SDS 预报系统的开发，确保相关 SAG、其他 WMO 计划和国际计划的参与	通过组织电话会议和专家会议，协助协调 SDS 预报活动，确保 WMO 内部的协调
A-M-7. 与 WWRP 合作，开展旨在改进城市空气质量预报系统（通过 GURME 示范项目）和提供数据以验证预报准确性的研究		支持和开发城市空气质量预报模式系统，与国家层面的相关机构合作，建立和支持示范项目节点；实施 SDS 计划	指导城市空气质量预报系统的开发，评估 GURME 示范项目的进展，为潜在的新项目提供建议并指导其建立	通过组织电话会议和专家会议，协助协调城市空气质量预报活动，确保与 WWRP 协调
A-M-8. 制定全球温室气体综合信息系统（IG^{3}IS）的实施计划。该系统可以作为基于观测资料的工具，帮助规划和评估温室气体减排。由于温室气体对气候有直接影响，IG^{3}IS 的实施将支持 GFCS。网络发展对于早期发现极地和热带地区的地球生物化学循环变化至关重要		计划团队：通过离线工作和面对面会议起草执行计划（IP）整个社团：建立和运行示范项目，组织示范项目会议	确保 IG^{3}IS 活动与 GHG SAG、SAG App 和 SAG GURME 活动进行总体协调，征求示范项目并指导其发展	组织规划团队会议，参加绿色气候基金国家联络点会议，支持示范项目
A-M-9. 通过与 WHO、UNEP 和其他组织的合作，进一步发展和支持与大尺度健康和其他空气质量影响有关的服务，例如侧重于全球疾病负担和空气质量对农业影响的平台		模拟健康和生态系统相关指标	就健康和生态系统相关指标提供咨询，与 WHO 和其他相关组织定期进行磋商	确保来自相关组织的专家参加 SSC/SAG 会议

执行计划中的行动	相关行动	对成员的行动	对指导机构的行动 (SSC 和 SAG)	对秘书处的行动
A-M-10. 扩展利用大气成分数据进行逆向模式改进排放估算以及估算支持政策评估所需的排放趋势的能力		开发逆向模式技术,并对不同的逆向模式系统进行比较,表征逆向模式结果的不确定性	指导逆向模式系统的开发和评估,确保协调排放清单社团间的相互利益	组织逆向模式技术开发专家会议,确保包含排放清单社团
A-M-11. 与相关国际组织/社团合作开展"空气质量监测、分析和预报综合网络"(MAF-AQ)活动,其目标是开发预报和降尺度能力,为在世界各地受高污染严重影响的区域提供与空气污染相关的产品和服务(如拉丁美洲、非洲、亚洲)		参与国家级的 MAF-AQ 项目	与 MAF-AQ 委员会机构保持联络,共同设计最佳行动方案	将此类活动告知成员国
A-JR-1. 制定以气溶胶为重点的综合研究战略		为与气溶胶有关的需求优先提供投入	在 GAW 内工作并与 WWRP 和 WCRP 合作以确定关键行动	促进 CAS 气溶胶战略的讨论和发展
A-JR-2. 在 GURME 计划(在 WMO 内部和外部工作)成功的基础上,为城市环境建立扩大环境服务的综合战略		为与城市环境有关的服务需求优先提供投入	指导/促进制定综合城市服务战略	促进讨论
A-JR-3. 加强对降低灾害风险的贡献		加强开展与国家级大气成分灾害预报有关的活动	指导产品和服务的开发,以提高国家减少极端大气成分变化相关风险的能力	对有助于降低与极端大气成分变化相关风险的产品和服务的信息进行宣传
A-C-1. 继续建立能力发展机制,包括培训 GAW 台站的人员,并寻找其他机会,确保提高 NMHS 和其他 GAW 伙伴机构提供的与大气成分有关的高质量观测和服务能力		参与能力建设活动,与培训师或受训人员一起参与此类活动,利用现场审计和交换计划期间的培训机会;提名台站人员参加 GAWTEC 或其他培训课程	确定培训需求,就所需培训的设计和其他能力开发活动提出建议	开发 GAW 能力建设活动组合,支持组织或培训暑期学校以及互访支持组织培训
A-C-2. 加大努力使 WMO 区域培训中心参与大气成分培训,并尽可能确保以 WMO 官方语言提供培训材料		WMO 区域培训中心:开发与大气成分相关的课程 整个社团:确定区域特定培训的需求	为课程设计提供建议,评估 RTC 提出的课程	协调教育和培训部门的活动

续表

执行计划中的行动	相关行动	对成员的行动	对指导机构的行动（SSC 和 SAG）	对秘书处的行动
A-C-3. 确定协同作用并寻求与其他组织和计划（例如 WWRP、UNEP、WHO）的可能合作，以利用所有可能的培训机会		确定跨领域问题的培训需求，组织培训活动和提名受训人员	与其他组织讨论 GAW 相关主题的联合培训课程和建立暑期学校的可能性	协助组织开展联合培训活动，确保培训材料的可用性
A-C-4. 通过现有的管理机制，与 WWRP／WCRP 密切合作，制定让青年科学家（YS）进一步参与 GAW 战略，为 YS 提供改善网络和利用暑期学校的机会		提名并支持 YS 参加 GAW 活动	指导 YS 参与 GAW 活动	邀请 YS 参加 GAW 活动
A-C-5. 制定战略，根据需要提供模式相关的进修培训		表明模式培训需求，组织或主办模式培训课程	制定将模式纳入培训活动的战略	协助模式相关培训（通过邀请专家或在模式中心组织培训）的实施
A-OR-1. 使 WMO/GAW 网页现代化（例如特色新闻、GAW 专家简介）		在 GAW 网页上提供反馈	当前和网页未来提供内容的评估	确保及时更新 GAW 的网页和功能
A-OR-2. 继续出版当前的出版物（公报和通讯）		为 GAW 出版物提供投入	支持 GAW 出版物的制作（提供和编辑内容）	确保及时出版公报和通讯
A-OR-3. 开发以 GAW 活动/产品为特色的新闻报道/文章（包括示范项目更新），并可在各种通信媒介（网站、新闻通讯、社会媒体）中重复使用		提供报道/文章	征求 GAW 社团的意见	确保理解所提供的材料
A-OR-4. 制定协调和宣传有关环境事件的声明（例如火山爆发、极端/记录观测）的战略		向秘书处警醒国家/国际关注的环境事件	对声明提出建议	确保声明的发布/宣传
A-OR-5. 促进 GAW 出席重要的科学会议，包括通过共同发起专业会议		参加科学会议展示 GAW 的相关结果	参加科学会议展示 GAW 的相关活动	为 GAW 社团参与科学会议（非 GAW）和组织 GAW 重点会议提供支持
A-OR-6. 通过电子订阅实施在线系列研讨会		利用在线研讨会并提供反馈	为在线研讨会的概念和内容提供建议，提供相关材料并作为培训师参与	促进和举办在线研讨会

续表

执行计划中的行动	相关行动	对成员的行动	对指导机构的行动(SSC 和 SAG)	对秘书处的行动
A-OR-7. 开发与 GAW 全面相关的定期出版物,主要包括大气成分状况(大气健康状况),为什么它是有与众不同的重要意义(例如气候、健康等),以及高质量的测量和服务对社会的益处		向秘书处提供意见和想法	开发大气状况出版物	协助准备和公布大气状况报告
A-OR-8. 与 UNEP 和 WHO 联合,通过联合研讨会和项目开展合作,重点是新测量技术以及城市和全球尺度空气质量分析和气候变化的影响,继续并扩大努力共同制定关于气候变化、空气质量和健康影响等问题的常用交流信息,通过各委员会(例如 SSC)的联合代表进行正式交流		帮助在各国广泛地发布相关材料	开发可由代理机构集体交流的信息	邀请 UNEP 和 WHO 为 WMO 出版物提供意见,确保常用信息的宣传
A-P-1. 振兴和建立与本计划所列 WMO 相关应用领域之外合作伙伴的联合行动		与可能的国家伙伴分享想法	在 SSC 会议中包含相关组织	完善合作协议并与相关机构建立沟通渠道,邀请他们参加相关的 GAW 技术会议
A-P-2. 通过联合研讨会和项目开展合作,重点是新测量技术以及城市和全球尺度空气质量分析和气候变化的影响,继续并扩大努力改善与 UNEP 和 WHO 的合作。活动可包括联合组织低成本传感器研讨会和建立测试中心,测试中心以 GAW 站点作为参考,可在现场进行低成本传感器的评估		在国家级实施 WMO/WHO/UNEP 联合计划,在 GAW 台站进行低成本传感器测试	通过各种委员会(例如 SSC)的联合代表进行正式交流,共同开展与低成本传感器相关的测试和推荐工作	在 GAW 指导机构与 UNEP 和 WHO 各自办事处之间建立定期的交流
A-P-3. 在合作伙伴的帮助下,制定资源调动战略,确保 GAW 计划继续运行,特别强调与大气成分相关服务的提供		参与调动资源的活动,以加强与 GAW 计划实施相关的活动	积极使国家和国际基金机构参与 GAW 的相关活动,制定资源调动战略	促进基金机构和国际基金机制中的 GAW 的活动,确保与 WMO 资源调动办公室的协调

执行计划中的行动	相关行动	对成员的行动	对指导机构的行动（SSC 和 SAG）	对秘书处的行动
A-P-4. 与联合国开发计划署（UNDP）、联合国工业发展组织（UNIDO）、WHO、IAEA、世界银行、欧洲委员会和其他有关机构联合，通过 GAW 活动支持国际公约（维也纳公约、LRTAP、荒漠化公约、UNFCCC）和其他相关倡议（如气候和清洁空气联盟）		在国家层面开展与公约支持相关的 GAW 活动	就 GAW 活动与环境公约的持续相关性提出建议，建议建立 GAW 尚未提供的相关观测和服务	确保 WMO 在相关公约中的代表性（作为联络点，工作组的共同领导），代表 WMO 参加相关会议
A-P-5. 通过邀请具有广泛专业知识和发展能力的成员国，获得他们在培训和外联方面更大的支持，支持和鼓励现有 GAW 站点的运行并增加参与 GAW 的国家数量，特别是那些可能对设备服务中心和专家组有贡献的国家		与秘书处合作，确定在国家层面扩展 GAW 活动的需求和机会，并建立伙伴关系	与秘书处合作设计数据库，并确定吸引更多国家参与的新机会	编制一个按国家捕获活动的数据库，包括台站、设施、委员会成员、培训参与、结对活动
A-P-6. 鼓励所有 NMHS 和其他感兴趣的国家组织在适当的实验室和研究所之间建立内部合作，特别是与国家环境保护机构、卫生部门和国家发展机构之间的合作		接洽相关的国家组织	确定潜在的伙伴关系	接洽伙伴组织。准备给成员的联名信

GAW 近期报告列表*

231. The Fourth WMO Filter Radiometer Comparison(FRC-IV), Davos, Switzerland, 28 September16 October 2015,65 pp. ,November 2016.
230. Airborne Dust:From R&D to Operational Forecast 2013-2015 Activity Report of the SDS-WAS Regional Center for Northern Africa, Middle East and Europe, 73 pp. ,2016.
229. 18th WMO/IAEA Meeting on Carbon Dioxide,Other Greenhouse Gases and Related Tracers Measurement Techniques(GGMT-2015),La Jolla,CA,USA,13-17 September 2015,150 pp. ,2016.
228. WMO Global Atmosphere Watch (GAW) Implementation Plan: 2016-2023, 81 pp. ,2017.
227. WMO/GAW Aerosol Measurement Procedures,Guidelines and Recommendations,2nd Edition,2016,WMO-No. 1177,ISBN:978-92-63-11177-7,101 pp. ,2016.
226. Coupled Chemistry-Meteorology/Climate Modelling (CCMM): status and relevance fornumerical weather prediction,atmospheric pollution and climate research,Geneva, Switzerland, 23-25 February 2015 (WMO-No. 1172; WCRP Report No. 9/2016, WWRP 2016-1),165 pp. ,May 2016.
225. WMO/UNEP Dobson Data Quality Workshop,Hradec Kralove,Czech Republic,14-18 February 2011,32 pp. ,April 2016.
224. Ninth Intercomparison Campaign of the Regional Brewer Calibration Center for Europe (RBCC-E), Lichtklimatisches Observatorium, Arosa, Switzerland, 24-26 July 2014,40 pp. ,December 2015.
223. Eighth Intercomparison Campaign of the Regional Brewer Calibration Center for Europe(RBCC-E), El Arenosillo Atmospheric Sounding Station, Heulva, Spain, 10-20 June 2013,79 pp. ,December 2015.
222. Analytical Methods for Atmospheric SF6 Using GC-ìECD, World Calibration Centre for SF6 Technical Note No. 1. ,47 pp. ,September 2015.
221. Report for the First Meeting of the WMO GAW Task Team on Observational Requirements and Satellite Measurements(TT-ObsReq)as regards Atmospheric Composition and Related Physical Parameters,Geneva,Switzerland,10-13 November 2014,22

---

* 完整列表请参见：

http://www.wmo.int/pages/prog/arep/gaw/gaw-reports.html

http://library.wmo.int/opac/index.php? lvl=etagere_see&id=144#.WK2TTBiZNB

pp. ,July 2015.

220. Report of the Second Session of the CAS Environmental Pollution and Atmospheric Chemistry Scientific Steering Committee (EPAC SSC), Geneva, Switzerland, 18-20 February 2015,54 pp. ,June 2015.

219. Izaña Atmospheric Research Center,Activity Report 2012-2014,157 pp. June 2015.

218. Absorption Cross-Sections of Ozone (ACSO),Status Report as of December 2015,46 pp. ,December 2015.

217. System of Air Quality Forecasting And Research(SAFAR-India),60 pp. ,June 2015.

216. Seventh Intercomparison Campaign of the Regional Brewer Calibration Center Europe (RBCC-E),Lichtklimatisches Observatorium,Arosa,Switzerland,16-27 July 2012,106 pp. ,March 2015.

图 1.4 GAW 观测网络的运行状况

（地图基于 GAWSIS 中的信息制作，不同的形状对应于不同类别的站，颜色反映报告的状态：
绿色是报告站，黄色是部分报告站，蓝色是非报告站，红色是关闭站）

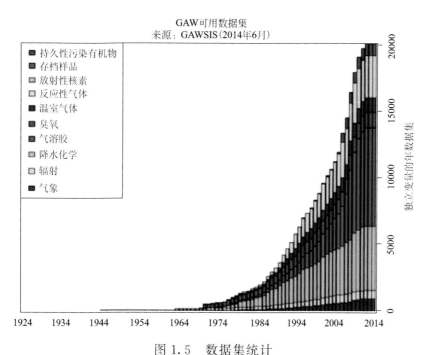

图 1.5 数据集统计

（来自 GAW、自愿参与站网络和世界数据中心的前期计划）

I

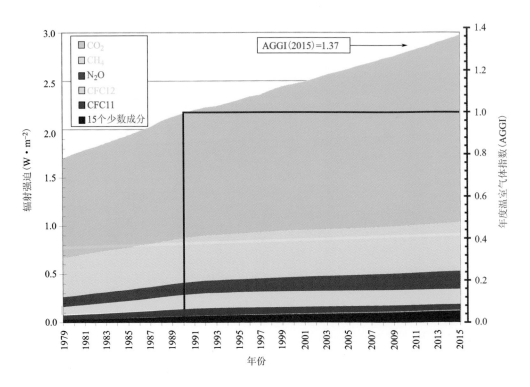

图 1.6　自 1979 年以来,由长寿命温室气体(LLGHG)造成的辐射强迫的增加
CO_2 是 LLGHG 中对总辐射强迫的最大贡献因素。
基于 NOAA 年度温室气体指数(AGGI)

（http://www.esrl.noaa.gov/gmd/aggi/）

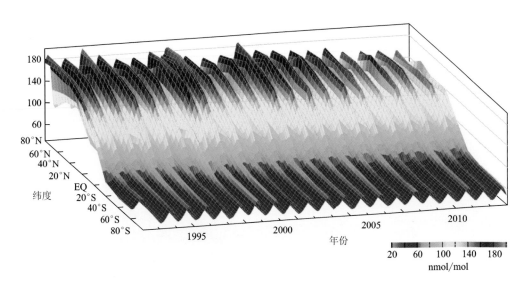

图 1.7　自 1993 年以来地面一氧化碳全球分布和混合比的变化

（来源:Schultz 等的图,2015）

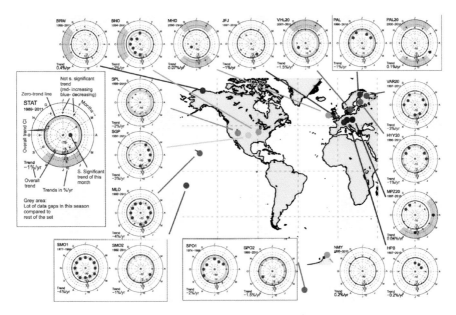

图 1.9　GAW 台站观测到的气溶胶数浓度趋势(来源:Asmi et al.,2013)

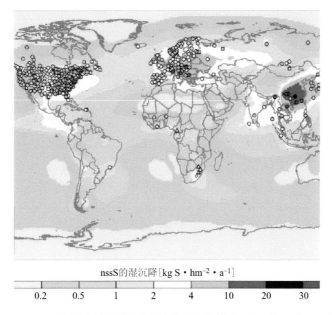

nssS的湿沉降[kg S·hm⁻²·a⁻¹]

图 1.10　nssS 测量模型的湿沉降(单位为 kg S·hm⁻²·a⁻¹)。
测量值代表 2000—2002 年的 3 年平均值;模型结果代表 2001 年

(来源:Vet et al.,2014)

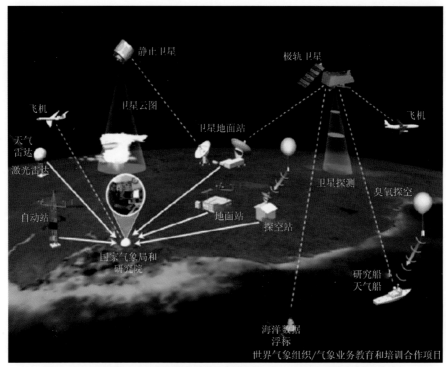

图 3.1　WMO 全球观测系统（划掉了对 GAW 不适用的要素）

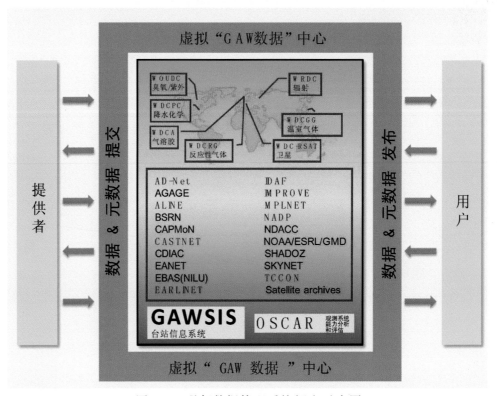

图 3.4　联邦数据管理系统概念示意图